Friedrich von Bärenbach

Herder als Vorgänger Darwin's und der modernen

Naturphilosohie

Beitrage zur Geschichte der Entwickelungslehre im 18. Jahrhundert

Friedrich von Bärenbach

Herder als Vorgänger Darwin's und der modernen Naturphilosohie
Beitrage zur Geschichte der Entwickelungslehre im 18. Jahrhundert

ISBN/EAN: 9783743398092

Hergestellt in Europa, USA, Kanada, Australien, Japan

Cover: Foto ©berggeist007 / pixelio.de

Manufactured and distributed by brebook publishing software
(www.brebook.com)

Friedrich von Bärenbach

Herder als Vorgänger Darwin's und der modernen

Naturphilosohie

Herder

als

Vorgänger Darwin's

und der

modernen Naturphilosophie.

Beiträge

zur Geschichte der Entwickelungslehre im
18. Jahrhundert

von

Friedrich von Bärenbach.

Berlin.

Verlag von Theobald Grieben.

1877.

Herder als Vorgänger Darwin's und der modernen Naturphilosophie.

Vorrede.

Der über jeden Vergleich erhabene Einfluss, den die überraschenden Resultate der Naturforschung des neunzehn-
ten Jahrhunderts auf das intellectuelle Leben aller Cultur-
völker ausübten und, in höherem Maasse als eine der grossen
Geisterreformationen vergangener Jahrhunderte, ausüben werden, weil sie in ihren Consequenzen nicht die religiöse Ueberzeugung des Individuums, sondern die Menschheit im Ganzen
der natürlichen Schöpfung betreffen: rechtfertigt den Forschungseifer vieler bedeutender Männer, welche nicht in der concreten
Welt ihrer Museen und Laboratorien verknöchern wollen,
sondern sich mit Liebe dem Studium der Geschichte der
Entwicklungslehre zuwenden, um den Beweis zu erbringen,
dass die Prämissen, aus denen die Vorkämpfer der modernen
Forschung ihre Schlüsse zogen, schon von den bedeutendsten
Denkern der letzten Jahrhunderte gegeben waren. Dieser
Forschungseifer auf dem weiten Gebiete historischer Be-
gründung, den gerade Darwin und Häckel in so hohem
Maasse bethätigen, dass man diese zwei grössten Reformatoren
der Naturwissenschaft allen System-Schöpfern der Vergangenheit und Zukunft, welche sich für jeden Denkact ein Privile-
gium ertheilen lassen, als Muster wissenschaftlicher Gewissenhaftigkeit hinstellen sollte: hat besonders in den letzten
Jahren dieses Decenniums eine stattliche Zahl von Mitarbeitern
an dem verdienstvollen Werk der vergleichenden Forschung
auftreten lassen, die, von wenigen hochschätzbaren Ausnahmen

abgesehen, dem gemeinen Loos der meisten Broschüren-Literaten anheimfielen — der Vergessenheit.

Wenn schon die verunglückten Versuche so vieler Essay-Fabrikanten, welche auf allen Gebieten der deutschen Literatur eben heute wie Pilze emporschiessen und manches ernste Studium überwuchern, keinen Orakelspruch für ein ernstes wissenschaftliches Streben ergeben konnten, so hätte mich vielleicht die blosse Befürchtung, von der Gilde der Compendienschreiber und Causerie-Philosophen, für deren polemisch-blasphemisch-destructive Tendenzen leider bisher kein wirksames Anathema gefunden werden konnte, als Bruder im Geiste und in der Unwahrheit begrüsst zu werden, davon abgehalten, die vorliegenden Aufzeichnungen, die an Umfang (= Zahl der Bogen) von den gewöhnlichsten Compendien und philosophischen Causerien-Sammlungen übertroffen werden, der Oeffentlichkeit zu übergeben. Noch schwerer wog der Umstand, dass die bedeutendsten Männer der Wissenschaft, die ich an anderer Stelle als die Wissenschaft des 19. Jahrhunderts bezeichnet habe, ihren Heros eponymos, Charles Darwin, an der Spitze, die Namen und Verdienste der grössten Denker auf das genaueste anführen, welche gleichsam die Grundlage der neuen Lehre gelegt haben.

Gerade diese Gewissenhaftigkeit bei der Behandlung ihrer Vorgänger war es aber andererseits, was mich bewog, die Früchte eines langen und sorgfältigen Studiums, einer mit wahrer Liebe zur Sache betriebenen comparativen Forschung zunächst wenigstens einem engen Kreise von Sachverständigen mitzutheilen. Handelte es sich doch darum, die Verdienste, die sich einer der grössten Männer der deutschen Literatur, Johann Gottfried von Herder, gerade auf diesem Gebiete erworben, endlich im entsprechenden Maasse zu würdigen: zu beweisen, dass seine vorbereitende Wirksamkeit im

9

Interesse der Darwin'schen Lehre den mit Recht gepriesenen Vorarbeiten Kant's, Laplace', Lamarck's, Göthe's und des von ihm so hochgeschätzten Geoffroy, sowie des von Häckel so warm anerkannten Wolff — in den bedeutendsten Punkten mindestens gleichzuschätzen ist! Vielleicht ist es mir sogar gelungen, nachzuweisen, dass er der Naturphilosophie Darwin's und Häckel's weit näher steht, als die meisten der hier und in den einschlägigen Werken genannten Männer, deren Verdienste zum grossen Theil in einzelnen Forschungsresultaten gipfeln, während Herder wie ein Prophet die bedeutendsten Thesen der neuen Naturphilosophie — mit fast wörtlicher Uebereinstimmung — aufstellte. Ich glaube die bisherige Vernachlässigung der grössten Verdienste Herders von Seiten unserer grossen Forscher dem Umstande zuschreiben zu dürfen, dass er nicht zu den Entdeckern — im meistgebrauchten Sinne dieses Wortes gehört, zu welchen insbesondere Göthe von Vielen gezählt wird; sondern mit den geringen Belegen, die er hatte, auf dem mühsamen Pfade des Denkens und Forschens, auf dem freilich auch das Genie die Schritte beflügelte, zu den überraschendsten Resultaten gelangte. Wenn ihm, der sich nicht zu den Entdeckern zählt, nicht das volle Maass der Aufmerksamkeit zu Theil wurde, die manchem seiner Zeitgenossen von den Vorkämpfern der modernen Forschung geschenkt wird, konnten diese begreiflicherweise auch seinen Verdiensten nicht volle Gerechtigkeit widerfahren lassen. Denn der Umstand, dass Herder, der Theolog, in einer Zeit, wo die Gewissensfreiheit keineswegs in Blüthe war, nicht alle Schranken niederreisst, die erst in diesem Jahrhundert, nachdem die französische Revolution — nach Mirabeau's bekanntem Ausspruch — die Reise um die Welt gemacht hat, fallen konnten: wen nimmt das Wunder?

Ich sage das nicht, als wollte ich damit in Abrede stellen,

dass Herder an Gott und Unsterblichkeit glaubte. Vielmehr habe ich diese merkwürdige Vereinigung von religiösem Bedürfniss und Freiheitsdrang des Forschers an anderer Stelle ausfürlicher besprochen. Es soll hier nur betont werden, dass es nicht wahrscheinlich ist, dass Herder aus letzterem Grunde von den bedeutenden Forschern unseres Jahrhunderts so wenig gewürdigt wird, indem in diesem Falle auch das Verdienst Kant's angegriffen werden könnte, das bisher trotz der geringen Zahl seiner Kenner und denkenden Anhänger keines Apologeten bedurfte.

Mag der Mangel an Entdeckungen, als greifbaren Resultaten der Forschung, bewirkt haben, dass die Vorkämpfer der Wissenschaft, welche, dem Ernst und der Bescheidenheit ihres ganzen Wesens entsprechend, fast alle Vorarbeiten auf dem von ihnen betretenen Gebiete auf das vorurtheilsloseste würdigten, den überraschenden Resultaten Herder's bisher wenig Anerkennung zu Theil werden liessen, obschon dieselben oft nahezu wörtlich mit ihren eigenen Thesen übereinstimmen: die überwiegende Mehrzahl der Gebildeten, selbst der fachmännisch Gebildeten, muss nur den Namen Herder's im bekannten Lessing'schen Vers für Klopstock substituiren, um ihre Stellung Herder gegenüber zu bezeichnen.

Gewiss also werden diese Untersuchungen, welche die genaue Kenntniss der bedeutendsten Schriften Herder's wie der an anderer Stelle genannten Forscher voraussetzen, so Manchen erst zur Einkehr in seine Werke, ganz besonders die „Ideen zu einer Philosophie der Geschichte der Menschheit" einladen, so manchen, der, aus Interesse für die historische Entwicklung der grossen Geisterreformation, die man gemeiniglich Darwinismus nennt, an die Prüfung der hiermit veröffentlichten Mittheilungen herantritt. Ganz besonders

aber hoffe ich, dass die fachmännischen Kreise, dass die
bedeutenden Vertreter der modernen Wissenschaft, die schon
so oft bewiesen, dass sie selbst dem kleinsten Beitrag sein
Scherflein zum Aufbau ihres grossen Werkes freundlich ab-
nehmen, und an deren Adresse diese Aufzeichnungen in
erster Linie gerichtet sind, meinem ernsten Streben mit
Nachsicht entgegenkommen und, von etwaigen Unebenheiten
absehend, die Hauptsache nicht aus dem Auge verlieren
werden, die mich zur Mittheilung der Resultate eines jahre-
langen redlichen Studiums bewog. Die Hauptsache ist aber :
die Würdigung der Verdienste Herder's als Vorgänger der neuen Lehre, der mehr als irgend einer das
Verständniss für die aus ihr resultirende Naturphilosophie
vorbereitet hat, so dass wir berechtigt wären, ihn einen Vorgänger Ernst Häckel's zu nennen, dieses Ausbilders der
Naturphilosophie im herrlichsten Sinne des Wortes : wie ich
ihn, mich auf so viele in dieser Schrift enthaltene Belege
stützend, einen Vorgänger der Darwin'schen Lehre genannt
habe.

Um den Leser auch nicht im Mindesten irre zu machen,
war ich bemüht, meinen umfangreichen Aufzeichnungen nur
dasjenige zu entnehmen, was mit den hauptsächlichsten Thesen der Entwicklungslehre im strengsten Zu-
sammenhange steht. Eine gedrängte Zusammenstellung der
interessantesten Daten habe ich, hauptsächlich um dem Interesse zahlreicher fachmännisch Gebildeter zu entsprechen, welchen
diese Blätter vielleicht erst spät in die Hände kommen werden,
erst kürzlich*) in der „Neuen Freien Presse" gegeben. Dieser
Aufsatz, den ich auf die briefliche Aufforderung des Heraus-

---

*) „Neue Freie Presse", Abendausgabe vom 12. October 1876.
Nr. 4358. S. 4.

gebers der „Neuen Freien Presse", Herrn Michael Etienne, ausarbeitete, der vorher schon in eine ausführlichere Bearbeitung dieses Thema's Einblick genommen und die Bedeutung desselben für die Geschichte der Wissenschaft gewürdigt hatte, war also zumindest ein Vademecum für Diejenigen, welche sich dadurch bestimmt fühlten, der Sache weiter selbst nachzugehen, indem sie sich demselben comparativen Studium hingeben, dessen bedeutendste Resultate ich schon in jenem Aufsatz niedergelegt hatte. Den Vielen aber, denen der Zeitaufwand, den das Selbststudium erheischt, verwehrt oder die Mühe unlieb ist, und Allen, die sich noch gar nicht über diese Frage unterrichtet haben, soll diese Schrift alle Aufschlüsse ertheilen.

Was den Inhalt derselben betrifft, glaube ich, meinem Zwecke, durch eine gedrängte und übersichtliche Zusammenstellung der wichtigsten Resultate meines vergleichenden Studiums „der bedeutendsten Schriften der modernen Forscher einer- und Herder's anderseits" nachzuweisen, dass und inwiefern Herder in erster Linie als Vorgänger der Darwin'schen Lehre betrachtet werden kann: gerecht geworden zu sein. Was die Darstellung anbelangt, habe ich mich bemüht, den Mittelweg einzuhalten zwischen dem, den Namen des Populären als Deckmantel benützenden, Geflunker der täglich überhand nehmenden Commis voyageurs der Philosophie, welche trotz Schopenhauer den Kathederphilosophen fürchterlich zu werden anfangen, und dem doctrinären Styl, zu dessen Verständniss erst ein Schlüssel gesucht werden muss, und in den sich unsere physikalisch-mathematischen Räthselliebhaber so gerne vermummen. Kurz, ich war bemüht, dem gebildeten Leser verständlich zu sein, weder den Causerien-Ton anzuschlagen, noch meine Meinung in einem fortlaufenden terminus technicus zu verhüllen.

Ehe ich schliesse, möchte ich an dieser Stelle noch zweier
Männer gedenken, welche mich, vielleicht ohne es selbst zu
wissen, in meiner mühevollen, aber mit Liebe betriebenen Arbeit förderten und ermuthigten, schon lange bevor ich daran
dachte, die Resultate derselben der Oeffentlichkeit zu übergeben, deren wichtigste, wenn schon in gedrängtester
Zusammenfassung, durch den erwähnten Aufsatz in der „Neuen
Freien Presse" einem sehr grossen Kreis von Lesern zu-
gänglich gemacht worden sind.

Der Eine, dem ich manche geistige Anregung, manchen
glücklichen Impuls beim Studium Herder's, insbesondere seiner
philosophischen Schriften, verdanke, ist der emer. Dekan Dr.
Hermann Suttner, gegenwärtig Professor an der k. k.
Theresianischen Academie in Wien.

Der Andere, der mich aber ganz besonders in der interessanten Frage, welche die vorliegende Schrift behandelt, mit
seinem freundlichen Rathe unterstützte, dem ich überdies
manche werthvolle Aufklärung auf dem Gebiete der Naturwissenschaft verdanke, und dessen Zuspruch mich schon
vor längerer Zeit ermuthigte, meine Untersuchungen auf diesem
Gebiete der Oeffentlichkeit zu übergeben, ist der Vice-Präsi-
dent der zoologisch-botanischen Gesellschaft, Herr Dr. Carl
Brunner von Wattenwyl, k. k. Ministerialrath in Wien.

Indem ich Denselben hiermit Dank sage, gebe ich zugleich der Hoffnung Ausdruck, dass die freundliche Aufnahme
dieser Schrift das schöne Bewusstsein, mich zur Veröffentlichung
einer für die Geschichte der modernen Forschung
nicht unbedeutenden Sache ermuthigt zu haben, reich-
lich belohnen möge.

Wie auch das Urtheil der auf diesem Felde Maassgeben-
den sich gestalten möge, was den Werth meiner Arbeit betrifft: das Eine wage ich zu hoffen, dass dieselbe den Haupt-

zweck — der Würdigung Herder's als Vorgänger der
modernen Forschung und Naturphilosophie er-
reichen wird. Das ist aber der höchste Lohn, den ich für
meine Mühe und Sorgfalt suche und erstrebe.

Wien, im October 1876.

Friedrich von Bärenbach.

Einleitung.

Nachdem es sich bei der Abfassung der vorliegenden Schrift nicht darum handelte, einen Abriss aus der Geschichte der deutschen Literatur zu schreiben, wird es vielleicht manchem Leser überflüssig erscheinen, wenn der Behandlung des gewählten Thema's noch einige einleitende Worte über die Stellung Herder's in der deutschen Nationalliteratur vorangeschickt werden. Dennoch muss es, selbst auf die Gefahr hin, den wohlunterrichteten Leser zu ermüden oder seine Aufmerksamkeit vom Gegenstande der folgenden Untersuchungen abzulenken, geschehen, und zwar aus mehr als einem Grunde. Der hauptsächlichsten Gründe wird im Folgenden Erwähnung gemacht werden.

Erstens schrickt der Verfasser nicht vor der Behauptung zurück, dass Herder, im Bunde der Dritte der Classiker-Trias, der Göthe und Schiller angehören, selbst bei Leuten von literarischer Bildung nur wenig, von der überwiegenden Mehrzahl der Gebildeten aber gar nicht mehr gekannt ist. Es sei ferne von mir, die Betreffenden anzuklagen, als wüsste ich nicht, dass die maasslose Uebervölkerung auf dem deutschen Parnass es mit sich bringt, dass man „au courant" der neuesten Erscheinungen sein muss, um für einen Mann von „literarischer Bildung" zu gelten. Con-

statiren aber darf ich die Thatsache und beklagen. Ich
kenne auch den Grund dieser Erscheinung, will aber nicht an
dieser Stelle jenen weisen Schulmännern unserer Zeit den
Fehdehandschuh hinwerfen, welche der Literatur und Philosophie
den letzten Platz in den humanistischen Lehranstalten ein-
räumen, um durch geistloses Spiel mit arithmetischen Räthseln,
verrückten orthographischen Systemen und einer geisttödtenden
philologischen Partikel-Exegese — das ihnen anvertraute Ca-
pital der Bildungsfähigkeit unserer Jugend gewissenlos zu ver-
schleudern. Diese Apostel der menschlichen Bornirtheit sollen
nicht in Verbindung mit einem der herrlichsten Männer der
Weltgeschichte genannt werden. Wohl aber ist es gerecht-
fertigt, die Stellung Herder's mit wenigen Worten für diejenigen zu charakterisiren, welche, ohne ihn zu kennen, sich
mit den Resultaten der modernen Forschung bekannt gemacht haben und daher auch diesem Beitrag zur Geschichte
derselben einiges Interesse schenken wollen.

In zweiter Linie ist diese Charakteristik auch im Interesse jener Männer der Wissenschaft geboten, welchen durch
eigene Forschungsarbeit auf einem Gebiete, das den ganzen
Menschen fordert, ein eingehenderes Studium der Werke
Herder's verwehrt ist. Diese werden im Folgenden Alles finden,
was zur Kenntniss Herder's als Denker und Forscher von
Nutzen sein kann. Die Charakteristik in diesem Sinne ist
mit einigen grossen Zügen gegeben.

Die literarische Thätigkeit Herder's war eine derart ver-
zweigte, dass ein neuerer Literarhistoriker mit Recht den
„Universalismus“ den Grundzug seines Wesens nannte. Die
kleinen und ärmlichen Anfänge seines Lebens führten ihn zunächst auf das Feld der Theologie, welche in der praktischen Bedeutung des Predigeramtes auch sein fernerer Lebens-
beruf blieb. Ungeachtet der vielen Gründe, welche für sein

positives Christenthum angeführt werden, lässt sich nicht in Abrede stellen, dass seine theologische Wirksamkeit neben seiner Thätigkeit als Philosoph und Sprachforscher verschwindend scheint.

Nicht viel umfangreicher war Herder's Wirksamkeit als Dichter. Wenn wir uns schon rückhaltslos dem Ausspruch derjenigen anschliessen können, welche ihn ein grosses Dichteringenium nennen, so müssen wir doch zugestehen, dass mit dieser unvergleichlichen Empfindlichkeit und dem feinsten Verständniss für die höchsten Gegenstände der Dichtung nicht auch das entsprechende Maass von Productivität verbunden war. Sein eigentliches Gebiet, das er beherrschte, auf dem er lange Zeit unerreicht dastand und in mancher Hinsicht dastehen wird, war die wissenschaftliche Forschung auf linguistischem, historischem und naturwissenschaftlich-philosophischem Gebiete. Ein nur den besten und seltensten Männern der Geschichte eigenes Uebermaass von Scharfsinn und speculativem Talent befähigte ihn, den auf den meisten Gebieten des menschlichen Wissens noch nicht aus der Gährung hervorgetretenen Reformen ihre Richtung vorzuschreiben — aber die productive Kraft war ihm versagt, und es bewährte sich an ihm, dass sich jedes Ingenium nur nach einer Seite in höchster Vollendung ausprägen, nach allen anderen Richtungen aber, wenn schon im Besitze der höchsten Fähigkeiten, nicht zur selben Vollkommenheit gelangen kann. Diese Erscheinung tritt uns entgegen, wenn wir Herder als Dichter beobachten. Wie wenig hat er in dieser Richtung mit Rücksicht auf Zahl und Umfang seiner Werke geleistet, obwohl seine Gedichte, und mehr als Alles seine so wenigen, unvergleichlich schönen Paramythien im reichsten Maasse sein Dichteringenium beweisen! Wie viel aber muss der für die Dichtung seiner Nation, für die Zukunft der Literatur geleistet

haben, von dem F. C. Vilmar, ohne sich einer Uebertreibung
schuldig zu machen, sagen durfte:

> „Die Fähigkeit, Gestalten zu bilden aus fremdem Stoffe
> mit eigener Form und aus eigenem Stoffe mit fremder
> Form, hat er der deutschen Nation gegeben; das Bilden
> der Gestalten selbst blieb ihm versagt. Wo er endete,
> da begann — Goethe."

Aehnlich lässt sich sein Verhältniss zur modernen
Philosophie charakterisiren. Ohne selbst der Schöpfer
eines Systems zu werden, prüfte und kannte er die herrschenden philosophischen Systeme und hielt Gericht über die Ausschreitungen des Criticismus. So anerkennenswerth seine Fehde
gegen die geistlosen Nachbeter der kritischen Philosophie
ist, so wünschenswerth unserer Zeit ein zweiter Herder
wäre, um die Tempelschänder zu Paaren zu treiben, die, un-
beschreibliche System-Mixturen brauend, auf den Kathedern
sitzen oder als Commis-voyageurs von Stadt zu Stadt und von
Blatt zu Blatt reisen, um ihrem Missfallen an sämmtlichen
vergangenen, gegenwärtigen und künftigen Systemen Ausdruck zu geben: die Polemik ist, insoferne sie sich gegen
Kant selbst richtet, in den meisten Puncten des philosophischen Ernstes verlustig gegangen und in diesem Sinne
nicht viel von manchen Capiteln des Arthur Schopenhauer
verschieden, wo sich nämlich dieser abseits seiner einheitlichen
Speculation in mehr minder „geistreichen Aperçu's" verliert*).

Eines aber ist bedingungslos anzuerkennen, wenn
von den philosophischen Schriften Herder's, insbesondere der

---

*) Ganz besonders in den meisten Capiteln der „Parerga und Para-
lipomena", die vielleicht eben um des oft fehlenden philosophischen
Ernstes Willen von der grossen Zahl der schreibenden und nichtschreiben-
den Schopenhauerianer gepriesen werden, die Sch.'s Hauptwerk („die
Welt als Wille und Vorstellung") weder kennen noch verstehen.

„Metakritik" und der „Kalligone" gesprochen wird. Er ist nämlich auch auf diesem Gebiete Bahnbrecher eines neuen Philosophirens, das von der Induction und der naturwissenschaftlichen Forschung unzertrennlich ist.

Es wäre eitle Mühe, über Herder's unsterbliche Verdienste auf dem Gebiete der Sprachforschung, der Aesthetik und literarischen Kritik im besten und herrlichsten Sinne des Wortes, an dieser Stelle zu sprechen. Ohne die Kenntniss und Würdigung dieser Verdienste ist ein Verständniss der glänzendsten Epoche der deutschen Literatur unmöglich.

Es erübrigt noch, die Stellung Herder's gegenüber der naturwissenschaftlichen Forschung und den Ergebnissen der modernen Naturphilosophie mit wenigen Worten zu beleuchten. Eine umfassendere Darstellung dieses Verhältnisses zu geben, ist eben der Zweck der nachfolgenden Aufzeichnungen.

Mit Bezug auf den letzteren Punkt können wir sagen, dass sich der Ausspruch des erwähnten Literar-Historikers auch auf diesem Gebiete, und zwar mehr als auf allen andern bestätigt. Auch hier ist Herder ein Vorkämpfer und Bahnbrecher der modernen Forschung, der neuen Naturphilosophie und der durch sie geschaffenen Weltanschauung, deren Consequenzen im socialen und wissenschaftlichen Leben von Tag zu Tag immer greller hervortreten.

Auch hier hat er angebahnt, vorbereitet, Bahn gebrochen, wo ihm das weitere Vorwärtsdringen, ja oft selbst das offene Aeussern seiner Ansicht versagt war. Wer daher die „Ideen zu einer Philosophie der Geschichte der Menschheit" zur Hand nimmt, und die bedeutendsten Thesen derselben mit den grössten Ergebnissen der Forschung Darwin's und der Naturphilosophie Häckel's vergleicht, wird sehen, dass der Denker den Forschern als Pfadfinder vorausgegangen ist.

2*

I.

Wie jeder grossen Errungenschaft des geistigen Lebens ist auch der Darwin'schen Theorie eine Reihe von Versuchen vorangegangen, welche bald auf dem empirischen Wege der Forschung, bald auf dem rein theoretischen des Denkens und Schliessens, endlich selbst auf beiden Wegen zugleich nach denselben Zielen strebten und einige derselben auch erreicht haben. Beweise für diese Thatsache sind allen Kennern Darwin's und Häckel's zur Genüge bekannt geworden. So weiss jeder, dass die beiden Vorkämpfer der neuen Lehre sich eingehend mit der Kant-Laplace'schen Theorie beschäftigten und auch Göthe's Verdienst und vorbereitende Wirksamkeit auf diesem Felde zu würdigen wussten. Gewiss thaten sie dies nicht blos, um den alten Spruch des Rabbi Ben Akiba von der stetigen Wiederkehr aller Dinge zu beweisen, sondern viel mehr um uns einen Einblick in den Entwicklungsgang der Wissenschaft zu gewähren, welche wir ohne Selbstüberhebung als den grössten Fortschritt unserer geistigen Entwicklung, ja, wenn es verstattet ist, eine in ihren Consequenzen unberechenbare Erkenntniss zeitlich zu begrenzen, als die Wissenschaft des 19. Jahrhunderts betrachten dürfen.

In unseren Tagen wird niemand läugnen wollen, dass die Geschichte einer Wissenschaft eine conditio sine qua non ihres Verständnisses bildet. Noch mehr als auf den Gebieten der Sprachwissenschaft und der doctrinären Philosophie darf dieser Grundsatz auf dem Felde der Naturwissenschaften im modernen Sinne auf die Anerkennung aller Gebildeten

Anspruch machen. Wenn auch die Ausschreitungen einiger „Popularphilosophen" unserer Zeit, welche die Ergebnisse der Forschung dazu benützen, die grosse Menge der Halbgebildeten mit glänzenden Paraphrasen und Beweisen von der „Nichtexistenz von Gott, Freiheit und Unsterblichkeit", welche im Gegensatze zu den grössten Verirrungen Platon's und Kant's immer nur als Pygmäenschöpfungen einer sophistisch argumentirenden Vernunft erkannt werden können, zu blenden, dagegen zu sprechen scheinen, wird doch Häckel's Anschauung von einem philosophischen Aufbau des naturwissenschaftlichen Lehrgebäudes stets allen Widersprüchen verknöcherter Specialisten zum Trotze bei allen gründlich Gebildeten den Sieg davontragen. Mögen die Naturforscher, welche nie anders als mit Loupe und Secirmesser arbeiten, ihre Wissenschaft wie die Alchymisten in den vier Wänden ihres Laboratoriums vor den Augen der Welt immerhin verschliessen; sie werden die Gründe für jenen philosophischen Aufbau der Wissenschaft, die sie allein zu einem Gemeingute der gebildeten Menschheit machen können, sie werden das Ineinanderstreben der auf verschiedenen Wegen erworbenen Erkenntnisse nimmer zu läugnen vermögen. Mögen auf der anderen Seite jene falschen Propheten der Aufklärung immerhin im Halbdunkel fortarbeiten und über die „nur auf dem Wege der Forschung zu erlangende Wahrheit" von Stadt zu Stadt populäre Vorträge halten und feuilletonistische Werke schreiben, deren Tendenz die Zerstörung alles Traditionellen, die Ausrottung aller religiösen und philosophischen Sittenlehren, die Verbreitung einer cynisch-skeptischen Zwitterphilosophie ist; sie werden viel Unheil anrichten und keimende Bildung und Wissenschaftlichkeit zerstören, ohne diejenigen, welche von der Wissenschaft Höheres fordern, davon abhalten zu können, in die rechte

Schmiede zu geben und die Wissenschaft und ihre Geschichte
in ihren ernstesten Erscheinungen zu studiren*).

Nur für diesen, heute vielleicht noch geringen Bruchtheil
der gründlich Gebildeten und ernstlich nach gründlicher
Bildung Strebenden, wird es daher von Interesse und erspriesslich sein, die Wege, auf die Darwin und Häckel hingewiesen, zu betreten, mit forschendem Auge zuzusehen, wie
„Alles sich zum Ganzen webt" in der Natur, in ihrer Wissenschaft und deren Geschichte.

Aus dem Reichthum derselben sind bisher schon viele
Schätze gehoben worden, wenn wir selbst von den oben
erwähnten Beispielen Göthe's und Kant's absehen wollen.
Zahlreiche, mehr oder minder compendiöse Werke sind in
den letzten Jahren auf dem deutschen Büchermarkte er-
schienen, welche sich damit befassten, darzulegen, wo und in
welcher Hinsicht die deutsche Philosophie der Darwin-
schen Theorie vorgearbeitet hat oder später mit derselben zusammentraf. Was auf empirischem Wege geschehen ist, wurde in erster Linie von Darwin selbst, später
auch von Häckel und seinen mehr oder weniger dieses hohen
Berufes würdigen Anhängern, mit grosser Sorgfalt zusammen-
getragen und besprochen, zum Theil auch als Ausgangs-
punkt specieller Arbeiten benützt. Fast mit gleicher Sorgfalt haben einzelne Widersacher der Theorie und besonders
der aus ihr entstandenen Weltanschauung sich dieser prüfen-
den Arbeit mit zersetzender Schärfe, freilich mit ungünstigen
Resultaten, unterzogen. Seltener waren beachtenswerthe

*) Es ist charakteristisch für den Bildungstrieb vieler Zeitgenossen,
dass sie in ehrfurchtsvoller Scheu vor jedem gründlichen Studium ihre
naturwissenschaftlichen Kenntnisse viel lieber aus Causerien und populären Vorträgen, als aus den gemeinverständlichen Werken der Naturforscher schöpfen.

Funde auf dem Gebiete der philosophischen Theorie, wenn auch stark tendenziöse, meist gänzlich misslungene Parallelen und feuilletonistische Causerien à la Büchner und Consorten heute noch den deutschen Büchermarkt überschwemmen.

Fast gänzlich abseits bleiben jene Vorarbeiten liegen, welche ihre Resultate auf empirischem und theoretischem Wege zugleich erlangt hatten. Unter den Pionieren auf diesem Gebiete vergass man bisher namentlich einem besondere Aufmerksamkeit zu schenken, der sie mehr als viele Andere verdient hätte.

. Es ist Johann Gottfried von Herder, einer der sechs Heroen der zweiten klassischen Periode der deutschen Literatur, der, man muss es mit tiefer Beschämung gestehen, heute so wenig genannt und gelesen wird, dessen „Ideen zu einer Philosophie der Geschichte der Menschheit" keine geringere Grossthat für das wissenschaftliche Leben seiner Zeit war als der „Contrat social" seines Zeitgenossen J. J. Rousseau für die politische Gestaltung Europa's. Wenn er selbst sein Werk, das, wenn auch wie „Alles schon Dagewesene", was auf empirischen Grundlagen ruht, in vielen Hinsichten überflügelt und veraltet, doch in seiner Art einzig in der Weltliteratur dasteht (es würde zuweit führen, an dieser Stelle die streitsüchtigen Verehrer Cantu Césare's widerlegen zu wollen), bescheiden einen „Beitrag zu Beiträgen, ein fliegendes Blatt, einen Versuch" nennt, kann dies seinen Werth nur erhöhen. Ist nicht J. J. Rousseau, sind nicht die grössten Denker der Menschheit in ihren Errungenschaften überflügelt worden, ohne dass sich ihr unsterbliches Verdienst auch nur um eines Haares Breite in Abrede stellen liesse?

Wenn überhaupt irgend einem deutschen Denker des

vorigen Jahrhunderts das Verdienst gehört. im Interesse der
neuen Weltanschauung, welche sich durch die Darwin'sche
Lehre Bahn brach, vorbereitend gewirkt, das Verständniss
für dieselbe bei der heranwachsenden Generation geweckt
und die kaum des alten Bannes bar gewordenen Geister zum
Besitze jener Errungenschaften befähigt zu haben, gehört
es Herder. Alles, was zum innersten Kern der Theorie
gehört, vom „Kampf ums Dasein" bis zur Urzelle finden
wir deutlicher als in irgend einem Werke der vergangenen
Zeiten in den „Ideen" Herder's ausgesprochen. Ahnte er
etwa, dass die Zeit nahe war, wo fast Alles wahr werden
sollte, was er mit divinatorischem Blicke als wahr erkannt
hatte?

Wir schlagen das Buch auf, das sich bescheiden einen
„Beitrag zu vielen Beiträgen des Jahrhunderts" nennt, und
finden diese Ahnung schon in der Vorrede der „Ideen zu einer
Philosophie der Geschichte der Menschheit" deutlich ausgesprochen, wenn auch Herder in seinem Sinne glauben
mochte, dass noch Jahrhunderte vergehen würden, ehe der
Urwald von Erkenntnissen dastände, in dem auch er den Keim
zu einigen Bäumen in die Erde legte. „Mit schwacher Hand
— sagt er in der Vorrede von sich selbst — legte er einige
Grundsteine zu einem Gebäude, das nur Jahrhunderte vollführen können, vollführen werden: glücklich, wenn alsdann
diese Steine mit Erde bedeckt, und wie der, der sie dahin
trug, vergessen sein werden, wenn über ihnen oder gar auf
einem andern Platze nur das schönere Gebäude selbst dastehet."

Es ist noch kein Jahrhundert verflossen, und die Weis-
sagung ist schon in Erfüllung gegangen. Leider hat sich
auch der letzte, demüthige Wunsch eines opferwilligen Herzens
fast buchstäblich erfüllt. Aber nicht aus Pietät allein, im
Interesse der Wissenschaft und ihrer Geschichte

sind wir in erster Linie verpflichtet, uns den Vorarbeiten
Herder's für die neue Lehre mit ungetheilter Aufmerksamkeit
zuzuwenden. Wenn er sich einerseits in den „Ideen" mehr
als in irgend einem seiner philosophischen Werke oft von
seinen deïstischen Anschauungen hemmen oder von
dichterischen Inspirationen hinreissen lässt, so zeigt er
den Nachgeborenen eben in demselben Werke, wie die grössten
intellectuellen Fortschritte, wie die bedeutendsten Errungenschaften der Naturwissenschaft sich nicht zu blossen Mit-
teln erniedrigen lassen, nicht für den Gottesglauben, aber
noch weniger gegen ihn.

Er ist Deïst wie es die grössten Männer der Weltgeschichte fast ohne Ausnahme waren, ohne irgendwo mehr
als in dichterischer Begeisterung für die Herrlichkeit der
Natur eine Lanze für den Theismus zu brechen. Der
Unterschied zwischen Deïsmus und Theismus ist Erklä-
rungsgrund genug für die Thatsache, dass der Deïst Herder
der „Moses" der Menschen werden konnte, die sich später von
Darwin und Häckel den Weg zu den Wahrheiten weisen
liessen, die schon er ihnen verheissen hatte. In diesem
Sinne konnte Johannes Müller von ihm sagen: „Wie würde
Herder gesprochen haben, wenn er Humboldt's Rückkunft er-
lebt hätte! Er blickte wie Moses von der Höhe, wozu sein
Geist sich geschwungen, in die Welt von Entdeckungen und
Ideen, die dieser für uns erobert hat."

So konnte Johannes Müller von ihm sprechen. Wir
vermögen heute mehr von ihm zu sagen: Er blickte weit
über die Welt eines A. von Humboldt, weit über die Ideen
des einst so übermässig gerühmten „Kosmos" hinaus, in eine
andre Welt von Entdeckungen und Ideen, die Darwin
und Häckel, Wallace und Müller für uns erobert haben.
Wie er dies gethan, inwieweit und mit welchen Mit-

teln er im Interesse der neuen Lehre vorgearbeitet hat, darüber geben uns am besten die ersten fünf Bücher der „Ideen"
Aufschluss. Wenn wir darin Stellen begegnen, in denen der
Dichter den Denker und Forscher in ihm übervortheilt hat,
finden wir dafür andre, in denen selbst der schroffste Gegner
die reinste Krystallisation der Darwin'schen Lehre erkennen muss.

Zu zeigen, in welchen Formen die Lehre schon bei
Herder bestanden und den Boden für ihre späteren Siege
geebnet hat, in wie weit Herder's „Ideen" mit der Darwin-
schen Theorie im schönsten Einklang, inwiefern einzelne Theile des Lehrgebäudes im grellsten Widerspruche
sind, kurz: Die Stellung Herder's als Denker und
Forscher zur Darwin'schen Theorie zu beleuchten,
ist meine ebenso schwierige, als, wenn sie nur zum Theile gelingt, erspriessliche Aufgabe. Hätte diese Untersuchung
keinen andern, als einen blos literar-historischen Werth,
sie dürfte doch auf die Aufmerksamkeit und Theilnahme der
gebildeten Welt einigen Anspruch machen. Bedenkt man
aber, dass die Aufgabe, die ich mir gestellt, eine viel höhere,
deren Lösung im Interesse der Geisterreformation
unseres Jahrhunderts nicht zu unterschätzen ist, so steht
fest, dass auch dieser Beitrag zur Entwicklungs- und Vor-
geschichte der Wissenschaft auf Beachtung und Beherzigung
von Seiten der Fachmänner hoffen darf. Nur der Umstand, dass keiner von ihnen bisher daran dachte, sich der
Lösung dieser Aufgabe im angedeuteten Sinne zu unterziehen,
gab mir den Muth, meine diesbezüglichen Studien und
Untersuchungen der Oeffentlichkeit zu übergeben. Sollte
es mir auch nicht gelingen, meine Aufgabe, wie ich es
wünschte und um des langjährigen Studiums der Sache Willen
auch hoffen darf, durchzuführen, so werde ich doch

in dem Bewusstsein meine Befriedigung finden, die Aufmerksamkeit der Gebildeten, insbesondere aber der Fachmänner, auf eine gute, für die Wissenschaft nicht unbedeutende Sache gelenkt zu haben.

Es darf vorausgesetzt werden, dass diejenigen, deren Aufmerksamkeit und Theilnahme diese Untersuchungen empfohlen sind, das Werk, von dem hier die Rede ist, sowie die Zeitverhältnisse, unter denen dasselbe entstand, hinlänglich kennen. Es wäre daher überflüssig und ermüdend, eine literar-historische Einleitung voranzuschicken*). Ebenso wenig soll die Darwin'sche Lehre nach Art eines Compendiums, in wenigen Schlagworten dem Leser ins Gedächtniss zurückgerufen werden. Die Kenntniss derselben ist die erste Voraussetzung. Die zweite ist, dass die Lehre reagirt, ausgegohren, Früchte getragen, dass der Leser sich zu der durch sie geschaffenen Weltanschauung durchgekämpft hat. Für denjenigen, bei dem diese Voraussetzungen zutreffen, wird die ganze Untersuchung nicht allein verständlich, sondern auch vom grössten, nachhaltigsten Interesse sein.

Dennoch möchte ich, um nicht nur jedem Missverständniss vorzubeugen, sondern auch jedes eingefleischte Misstrauen und Vorurtheil zu brechen oder doch zu mildern, noch wenige Bemerkungen der eigentlichen Analyse voranschicken.

Wenn Bucle an einer Stelle seiner „History of civilisation" der deutschen Philosophie gleichsam den Vorwurf macht, sie habe einen durchwegs deductiven Charakter, können wir ihm durch nichts besser widerlegen, als durch Herder, dessen Deductionen einen hohen Grad der Berühmtheit erlangt haben. So paradox diese Behauptung

---

*) Das Nothwendigste ist ohnehin in der Einleitung S. 15—19 gesagt worden.

klingt, so einleuchtend ist sie, wenn man bedenkt, dass er in
der Aesthetik und seinen kunsttheoretischen Schriften
den deductiven Gang einschlagen musste, während er
sich in seinen eigentlich philosophischen Schriften wie
z. B. in der „Metakritik" fast ausnahmslos der Induction
bediente.

Wie ihm überhaupt der inductive Weg ureigen-
thümlich, der deductive in den ästhetischen Schriften
durch die Natur der Dinge vorgeschrieben war, bediente er
sich der Induction auch in seinen „Ideen". Auf empirischen
Grundlagen führte er das ganze Gebäude mit kundigem Geiste
auf, indem er darin die unabsehbare Fülle seines welt- und
naturgeschichtlichen Wissens nicht blos zusammentrug, sondern
unter einheitlichen Gesichtspunkten', seinem grossen Zweck
entsprechend, ordnete.

Es lag noch das Halbdunkel erwachender Aufklärung und
Wissenschaftlichkeit über das Denken und Wissen der meisten
Zeitgenossen ausgebreitet, als Herder den ersten Band seiner
„Ideen" herausgab, ein freundliches Vademecum für jeden
nach dem Urgrund der Dinge forschenden Geist, das unge-
wohnte Töne anschlug, die noch vor einem Jahrhundert ihrem
Erwecker das Leben hätten kosten können. In der „Metakritik"
und der sich anschliessenden „Kalligone" hatte er den geistlosen Nachbetern des Criticismus mit seiner Apriori-
manie die Spitze abgebrochen. Hatte er sich dadurch auch
rücksichtslos und ungerecht gegen den Schöpfer der kritischen Philosophie selbst gezeigt, so gelang es ihm doch andererseits, dem seit Kant so verpönten Empirismus wieder
Anhänger zu gewinnen und die in sich selbst verpuppte
Vernunft der Formalphilosophen in die von Natur und
Weltgeschichte erschlossenen Bahnen hinüberzuführen.
Allen voran ging er selbst. Wenn er auch viele Errungen-

schaften des Königsberger Weltweisen verkannte und heftig
anfocht, so wies er doch seinen Zeitgenossen, wenn sie ihn
verstehen wollten, den Weg in eine neue Welt von Entdeckungen und Wahrheiten. Diesem Wegweiser,
seinen „Ideen" wollen wir folgen.

Wenn er noch in der Vorrede zu seinem Meisterwerk,
das er eine „Schülerarbeit" nennt, die „in Zeiten traf, da in
so manchen Wissenschaften und Kenntnissen, aus denen er
schöpfen musste, Meisterhände arbeiten und sammeln", noch
skeptisch über Machtstellung und Bedeutung des Menschengeschlechtes philosophirt nnd scheinbar unbeantwortbare Fragen
aufwirft, gelangt er schon in den ersten Kapiteln zu grossen
Resultaten.

Der stolze Mensch wehrt sich — heisst es in der Vorrede — sein Geschlecht als eine solche Brut der Erde und
als einen Raub der alles zerstörenden Verwesung zu betrachten;
und dennoch dringen Geschichte und Erfahrung ihm nicht
dieses Bild auf? Was ist denn Ganzes auf der Erde voll-
führt? Was ist auf ihr Ganzes?

Aber schon in den ersten Abschnitten spricht er aus,
dass der in sich selbst überall allgenugsamen Natur
das Staubkorn so werth ist als ein unermessliches Ganze und
dass die Erde durch vielerlei Revolutionen hin-
durchgegangen ist, ehe sie das wurde, was sie jetzt ist.
Hat er nicht schon dadurch einen der streitigsten Punkte
des vorher wenig bezweifelten biblischen Schöpfungsberichtes
entschieden?

Aus den ihm allzuspärlich zu Gebote stehenden
Daten gelangt er auf dem Wege der Induction zu denselben
Schlüssen wie Darwin. Seine Ansichten über die natürliche Schöpfungsgeschichte sind in vielen Dingen mit
denen Häckel's vollkommen identisch. Ja, er hat, wenn er

auch nicht bis zur Aufstellung der Hypothese kam, die Lehre
von der Urzelle in grossen Umrissen aufgezeichnet. Wie ihm
das Verständniss Keppler's und Newton's nicht fehlte und
Buffon und Descartes in mancher Hinsicht ihren Meister
an ihm fanden, hinderten ihn seine dichterischen Anlagen nicht,
sich zu einer philosophisch klaren Anschauung der
Dinge durchzukämpfen.

Die allenthalben poetische, wie Musik klingende Sprache
und der Bilderreichthum erschweren nur selten das Verständniss. Ueberall ist das Ziel, das er verfolgt — Wahrheit.
ein Ziel, das Denker und Forscher auf verschiedenen Wegen
verfolgen. Kein im Wesen der Zeit begründetes Vorurtheil, keine Tradition seines im Grunde gottesgläubigen
Gemüths ist stärker als seine Wahrheitsliebe, als sein Streben
nach Wahrheit. Es klingt vielleicht noch verworren, wenn
er im ersten Buche seine geogonischen Anschauungen aus-
einandersetzt: „Das Wasser hat überschwemmt und Erdlagen,
Berge, Thäler gebildet; das Feuer hat gewüthet, Erdrinden
zersprengt, Berge emporgehoben und die geschmolzenen Ein-
geweide des Innern hervorgeschüttet; die Luft, in der Erde
eingeschlossen, hat Höhlen gewölbt und den Ausbruch jener
mächtigen Elemente gefördert; Winde haben auf ihrer Ober-
fläche getobet und eine noch mächtigere Ursache hat sogar
ihre Zonen verändert. Vieles hiervon ist geschehen, als es
schon organisirte und lebendige Creaturen gab: ja hier und
da scheint es mehr als einmal, hier schneller dort langsamer
geschehen zu sein, wie fast allenthalben und in so grosser Höhe
und Tiefe die versteinerten Thiere und Gewächse zeigen.
Viele dieser Revolutionen gehen eine schon gebildete Erde
an und können also vielleicht als zufällig betrachtet werden;
andere scheinen der Erde wesentlich zu sein und haben sie
ursprünglich selbst gebildet."

So verworren da auch manches klingen mag, was, da die Scheu vor dem „Rühren an das Traditionelle" noch nicht überwunden zu sein scheint, sich gleichsam in Bildern vermummen will, so kurz und bündig spricht sich Herder's Naturanschauung schon im Folgenden aus:

„Wie dem auch sei, so ist wohl unläugbar, dass die Natur auch hier ihren grossen Schritt gehalten und die grösseste Mannigfaltigkeit aus einer in's Unendliche fortgehenden Simplicität gewährt habe."

Zweifelsohne im Sinne der thatsächlichen Entwicklung, wenn auch noch nicht ganz frei von den Einflüssen der Ueberlieferung, sagt er an einer andern Stelle:

„Viele Pflanzen mussten hervorgegangen und gestorben sein, ehe die erste Thierorganisation ward; auch bei diesen gingen Insecten, Vögel, Wasserthiere den gebildeteren Thieren der Erde vor, bis endlich nach allen die Krone der Organisation unserer Erde auftrat, der Mensch, Mikrokosmus."

Auch das Gesetz der Beständigkeit der Materie war ihm bekannt. Der „grosse Zweck der Natur" schien auch ihm Alles zu beherrschen.

„Sobald in einer Natur voll veränderlicher Dinge Gang sein muss, sobald muss auch Untergang sein, scheinbarer Untergang, nämlich eine Abwechslung von Gestalten und Formen. Nie aber trifft dieser das Innere der Natur, die, über allen Ruin erhaben, immer als Phönix aus ihrer Asche ersteht und mit jungen Kräften erblühet."

Wenn er einerseits findet, dass auf der Erde „Alles ziemlich unison geschaffen" ist, zeigt er uns andererseits das Grundgesetz der Natur: „viel mit Einem zu thun und die grösste Mannigfaltigkeit an ein zwangloses Einerlei zu knüpfen."

Das Gesetz der „bildenden Kunst der Weltschöpfung" ist für ihn abgemessene Mannigfaltigkeit. Nur so

viel wäre allein mit Rücksicht auf die geogonischen Anschauungen zu erwähnen, die in den „Ideen" besonders
hervortreten. Schon diese, welche das erste Buch aus-
füllen, stehen in einer innigen Beziehung zu den kosmogo-
nischen Theorien unserer Zeit. Weit mehr und wichtigere Argumente werden wir in den folgenden Büchern finden,
in denen er sich nicht mehr mit der Schöpfung an sich,
sondern mit den einzelnen Gliedern derselben beschäftigt. Hier begegnen wir den ersten Pionieren der neuen
Lehre.

II.

Wie nahe der Deïst Herder durch Forschung und Nachdenken der Darwinistischen Naturanschauung gekommen war; wie nahe verwandt seine über jede Erschleichung erhabenen Schlüsse den äussersten Consequenzen der Häckel'schen Theorien sind, zeigt sich am deutlichsten im zweiten Buche der „Ideen." In einem Capitel, das die Ueberschrift „Unser Erdball ist eine grosse Werkstätte zur Organisation sehr verschiedenartiger Wesen" trägt, heisst es unter Andern: Auch die vermischtesten Wesen folgen in ihren Theilen demselben Gesetz; nur weil so viel und mancherlei Kräfte in ihnen wirken, und endlich ein Ganzes zusammengebracht werden sollte, das mit den verschiedensten Bestandtheilen dennoch einer allgemeinen Einheit diene: so wurden Uebergänge, Vermischungen und allerlei divergirende Formen.

Noch mehr als hierin ist die Naturanschauung Herder's an einer andern Stelle gekennzeichnet. Glauben wir nicht in der That, Darwin oder Häckel vor uns zu sehen, wenn wir schon im folgenden Abschnitte folgender Argumentation begegnen?

„Ihr grosser Zweck sollte erreicht werden, nicht der kleine Zweck des sinnlichen Geschöpfes allein, das sie so schön ausschmückte; dieser Zweck ist Fortpflanzung, Erhaltung der Geschlechter. Die Natur braucht Keime, sie braucht unendlich viel Keime, weil sie nach ihrem grossen Gange tausend Zwecke auf einmal befördert. Sie musste

3

also auch auf Verlust rechnen, weil Alles zusammengedrängt ist, und nichts eine Stelle findet, sich ganz zu entwickeln."

Hätte man diesen Ausführungen mehr Beachtung zu Theil werden lassen, man hätte erfahren, dass schon Lamarck und Geoffroy de Saint Hilaire, für den Goethe selbst in Deutschland eine Lanze brach, ja selbst Oken nur neue Beweise für Herder's Behauptungen führten. Später erst kam Darwin, um die Lehren seiner Vorgänger auf dem Wege der Forschung zu bestätigen, zu vervollständigen und zu einer Theorie zu entwickeln, die gemeiniglich als Darwin'sche Lehre bekannt ist. Der Kampf um's Dasein, dies geflügelte Wort der neuen Lehre, hat somit schon in Herder seinen Interpreten gefunden.

Darf es uns wundern, dass Herder den Wunsch einer „allgemeinen botanischen Geographie für die Menschengeschichte einem eigenen Liebhaber und Kenner empfohlen" und die botanische Philosophie Linée's einer besonderen Kritik gewürdigt hat, wenn Alfred Russel Wallace noch in unserer Zeit eine Philosophie und Theorie der Vogelnester aufzustellen für gut fand? Welch kundiger Blick, welche Fülle von Erkenntniss gehörte dazu, die Wahl der Mittel dem Verständniss nahe zu rücken, deren sich die Natur im Interesse des grossen Zweckes der Erhaltung der Geschlechter durchwegs und beim Menschen insbesondere bedient?

Aber damit ihr bei dieser scheinbaren Verschwendung — heisst es an einer Stelle — dennoch das Wesentliche und die erste Frische der Lebenskraft nimmer fehlte, mit der sie allen Fällen und Unfällen im Lauf so zusammengedrängter Wesen zuvorkommen musste: machte sie die Zeit der Liebe zur Zeit der Jugend, und zündete ihre Flammen mit dem feinsten und wirksamsten Feuer an, das sie zwischen Himmel und Erde finden konnte.

Im Folgenden beschreibt er kurz, aber deutlich die dem Fortpflanzungswerk vorangehenden physiologischen Erscheinungen beim Menschen, mit dem er sich der Natur seines Werkes entsprechend zunächst und am meisten beschäftigt.

„Das Auge des Jünglings belebt sich, seine Stimme sinkt, die Wange des Mädchens färbt sich. Zwei Geschöpfe verlangen nach einander und wissen nicht, was sie verlangen. Sie schmachten nach Einigung, die ihnen doch die zertrennende Natur versagt hat und schwimmen in einem Meer von Täuschung. Süssgetäuschte Geschöpfe, geniesset eurer Zeit; wisset aber, dass ihr damit nicht eure kleinen Träume, sondern, angenehm gezwungen, die grösste Aussicht der Natur befördert. Im ersten Paar einer Gattung wollte sie sie alle, Geschlechter auf Geschlechter, pflanzen; sie wählte daher fortspriessende Keime aus den frischesten Augenblicken des Lebens, des Wohlgefallens an einander: und indem sie einem lebendigen Wesen etwas von seinem Dasein raubt, wollte sie es ihm wenigstens auf die sanfteste Art rauben. Sobald sie das Geschlecht gesichert hat, lässt sie allmählich das Individuum sinken."

Auch an Beispielen für dies in den letzten Worten enthaltene Naturgesetz lässt er es im Folgenden nicht fehlen. So heisst es weiter:

„Kaum ist die Zeit der Begattung vorüber, so verliert der Hirsch sein prächtiges Geweih, die Vögel ihren Gesang und viel von ihrer Schönheit, die Fische ihren Wohlgeschmack, die Pflanzen ihre beste Farbe, dem Schmetterling entfallen die Flügel."

Das ist — so schliesst er seine Betrachtung — der Gang der Natur bei Entwicklung der Wesen aus einander.

Aber wie wenig Ueberraschendes bieten diese einleitenden Untersuchungen noch im Vergleiche zu der durchaus im Sinne der heutigen Wissenschaft geschriebenen Abhandlung

3*

über „das Reich der Thiere in Beziehung auf die Menschengeschichte."!

Wenn er sich an einer später folgenden Stelle mit Ent-
rüstung gegen die, nicht, wie oft angenommen wird, von
Carl Vogt zuerst ausgesprochene Abstammung des Menschen
vom Affen ausspricht, so läugnet er doch nirgends die in
allen Dingen thierische Organisation des Menschen. Ja,
wer es versteht, zwischen den Zeilen zu lesen, dem kann es
nimmer verborgen bleiben, dass er von der Gemeinsamkeit
der Abstammung aller lebenden Organismen fest überzeugt war.

Er spricht es nicht nur aus, dass die Thiere der Menschen
ältere Brüder sind, sondern tritt auch überall, wo sich Gelegenheit bietet, der Selbstüberhebung und Monopolisirung des
Menschen entgegen, den er anderwärts selbst als zum
Glauben, zur Freiheit und Unsterblichkeit erkoren bezeichnet,
ein Paradoxon, das kein denkender Anhänger der Darwin'schen
Theorie lächerlich oder abgeschmackt finden wird.

Freilich ist die Erde dem Menschen gegeben — hebt
er an — aber nicht ihm allein, nicht ihm zuförderst;
in jedem Element machen ihm die Thiere seine Alleinherr-
schaft streitig.

An einer andern Stelle spricht er es unumwunden aus:
„So viel Geschicklichkeit, Klugheit, Herz und Macht jede
Art äusserte, so weit nahm sie Besitz von der Erde. Es gehört also nicht hierher, ob der Mensch Vernunft und ob
die Thiere keine Vernunft haben? Haben sie diese nicht, so
besitzen sie etwas anderes zu ihrem Vortheil, denn gewiss
hat die Natur keines ihrer Kinder verwahrloset."

Ich darf kühn fragen, ob es viele Kinder unserer
Zeit giebt, deren Aufklärung trotz der Kenntniss Darwin's
so weit gediehen ist?...

Mancher, der die neue Lehre vorurtheilsfrei studirt zu
haben glaubt, wird, wenn er aufrichtig ist, gestehen müssen, dass
der vor mehr als einem Jahrhundert geborene in der Erkenntniss der kaum erschlossenen Theorien weiter vorgeschrit-
ten ist, dass man von diesem Frühgeborenen die Lehren seiner
Nachfolger lernen kann. In den ersten Theilen des Werkes hat
es oft den Anschein, als ob sich die Erkenntniss aus Scheu
vor dem gewaltsamen Rühren an das Traditionelle, wie ich
schon einmal erwähnte, in sich selbst verpuppen wollte.
Aber die forschende Betrachtung des grossen Ganges der Natur
und ihrer Zwecke macht endlich jede Zurückhaltung
schwinden. Es ist in der That nichts Andres als die
Lehre vom „Kampf ums Dasein" in ihrer ursprünglichsten
Form, was wir im Folgenden finden.

„Alles ist im Streit gegen einander, weil Alles
selbst bedrängt ist; es muss sich seiner Haut wehren und
für sein Leben sorgen. Warum that die Natur dies?
Warum drängte sie so die Geschöpfe auf einander? Weil
sie im kleinsten Raum die grösste und vielfachste An-
zahl der Lebenden schaffen wollte, wo also auch Eins das
Andre überwältigt, und nur durch das Gleichgewicht der
Kräfte Friede wird in der Schöpfung. Jede Gattung sorgt
für sich, als ob sie die einzige wäre; ihr zur Seite steht
aber eine andere da, die sie einschränkt, und nur in diesem
Verhältniss entgegengesetzter Arten fand die Schöpferin das
Mittel zur Erhaltung des Ganzen."

Wer hierin nicht die vollkommen entwickelte Lehre
vom „Kampf ums Dasein" zu erkennen vermag, den verweise ich auf Darwin's „Natural selection", um sich das
Wesentlichste ins Gedächtniss zurück zu rufen.

Natürlich konnte Herder, als er einmal so weit gekommen war, nicht mehr bei den allgemeinen Resultaten seines

Forschens stehen bleiben, sondern er wandte sich, wenn er auch
den Namen selbst nicht gebrauchte, dem Studium der
natürlichen Zuchtwahl zu, um sich später auch mit der
geschlechtlichen Zuchtwahl, wenn auch viel weniger
eingehend, zu beschäftigen. In seinen weiteren Untersuchungen
kommt er zu Resultaten, denen wir später erst bei Wallace
wieder begegnen. Fehlten ihm auch die Handhaben zu einem
Studium der von letzterem beobachteten „seltsamen, aber sehr
vernachlässigten Einzelheiten", so verstand er es doch, sich
mit den auffallenden Thatsachen der Naturgeschichte,
wie sie Wallace nennt, zu beschäftigen und zur Kenntniss von
der „Unterwerfung der Phänomene des Lebens unter die Herrschaft des Gesetzes" durchzudringen. (Beiträge zur Theorie
der natürlichen Zuchtwahl von A. R. Wallace.)

So wies auch er schon nach, wie die Classen der Geschöpfe sich erweitern, je mehr sie sich vom Menschen
entfernen und desto weniger werden, je mehr sie sich ihm
in seiner vollkommenen Organisation nähern. Ebenso legte
er dar, dass bei der grössten Verschiedenheit der lebendigen Erdenwesen überall eine gewisse Einförmigkeit des
Baues, und gleichsam eine Hauptform, die in der reichsten
Verschiedenheit wechselt, zu herrschen scheine.

Wenn ich behauptete, dass er geradezu bis zur Lehre
von der Urzelle vorgedrungen und die Hypothese des Proto-
plasma keine terra incognita für ihn gewesen sei, war ich
bereit, die Wahrheit meiner Behauptung zu beweisen. Den
Beweis liefert die folgende Stelle der „Ideen."

„Wir können also das zweite Hauptgesetz annehmen
Dass, je näher dem Menschen, auch alle Geschöpfe in der
Hauptform mehr oder minder Aehnlichkeit mit ihm
haben, und dass die Natur bei der unendlichen Varietät.
die sie liebt, alle Lebendigen unserer Erde nach einem

Hauptplasma der Organisation gebildet zu haben scheine."
(Herder's „Ideen zur Geschichte der Menschheit" I. Theil
Tübingen, J. B. Cotta. 1806.)

Wahrlich, wenn die Meister der neuen Lehre eines Zu-
rückgreifens auf frühere Forschungen bedurften, wo hätten
sie mehr und wichtigere Argumente für ihre Theorie finden
können als bei Herder? Aber er begnügte sich nicht mit
den Schlüssen, die er aus den ihm vorliegenden empirischen
Daten und Prämissen zog, auch den Einzelheiten, über
deren Vernachlässigung Wallace in unserer Zeit klagen
durfte, ging er rastlos forschend nach. So gelingt es ihm,
den empirischen Nachweis für das von ihm aufgestellte
Grundgesetz der einheitlichen Organisation der Schöpfung zu führen. In diesem Sinne schildert er den Klimax
der natürlichen Entwicklung im Folgenden.

„So geht's aus dem Staube der Würmer, aus den Kalk-
häusern der Muschelthiere, aus den Gespinnsten der Insecten
allmählich in mehr gegliederte, höhere Organisationen. Durch
die Amphibien geht's zu den Landthieren hinauf, und unter
diesen ist selbst bei dem abscheulichen Unau (?) mit seinen
drei Fingern und zwei Vorderbrüsten schon das nähere Analogon unserer Gestalt sichtbar. Nun spielet die Natur
und übet sich rings um den Menschen im grössten Mancherlei
der Anlagen und Organisationen. Sie vertheilte die Lebensarten
und Triebe, bildete die Geschlechter einander feindlich, indess
alle diese Scheinwidersprüche zu einem Ziele führen. Es ist
also anatomisch und physiologisch wahr, dass durch die ganze be-
lebte Schöpfung unserer Erde das Analogon einer Organisation herrsche; nur also, dass, je entfernter vom Menschen, desto
mehr das Element des Lebens der Geschöpfe von ihm absteht.
die sich immer gleiche Natur auch in ihren Organisationen das
Hauptbild verlassen musste. Je näher ihm, desto mehr zog sie

Classen und Radien zusammen, um in seinem, dem heiligen Mittelpunkt der Erdenschöpfung, was sie kann, zu vereinen."

Wenn in den letzten Worten wieder der Dichter, der dem Gesetz der Menschenliebe huldigende Philosoph über den Forscher die Oberhand gewinnt, kann das die unverfälschte Wirkung der vorangestellten Wahrheiten niemals ernstlich beeinträchtigen. Es wäre ein Frevel an der geistigen Würde eines Darwin, eines Häckel, zu glauben, dass sie die Menschheit in sich verachten und nicht auch für etwas Ehrfurchtgebietendes, Heiliges halten. Die Weltanschauung, die wir der socialen Reaction des Darwinismus verdanken, ist, wie schon oft nachgewiesen wurde, eine ideale, welche die Würde der Menschheit weniger als irgend eine confessionelle Moral beleidigt. Mehr braucht es nicht, um das scheinbare Paradoxon des Herder'schen Wesens zu erklären.

Die beste Erklärung geben die Resultate, zu denen er bei gewissenhafter Untersuchung jener „Einzelheiten" gelangt ist.

Die Untersuchung dieser interessanten Einzelheiten führt zu Resultaten, welche selbst von den bedeutendsten der neueren Forscher beachtet zu werden verdienten. Nachdem Herder gezeigt, dass das erste Hauptgesetz, dem der „Trieb eines Lebendigen" dient, Nahrung, der zweite Beruf der Geschöpfe Fortpflanzung ist, weist er dies in speciellen Fällen an Pflanzen und Thieren nach. Besonders interessant ist hierbei die Betrachtung der verschiedenen Lage und Stellung der Ernährungs- und Fortpflanzungsorgane bei Pflanzen und Thierorganismen.

Wie vorurtheilslos und klar er die grossen Zwecke der Natur zu betrachten weiss, zeigen die Worte: Die ganze Schöpfung sollte durchgenossen, durchgefühlt, durchgearbeitet werden, auf jedem neuen Punkt also mussten Geschöpfe

sein, sie zu geniessen, Organe, sie zu empfinden, Kräfte,
sie dieser Stelle gemäss zu beleben. Der Kaiman und der
Kolibri, der Kondor und die Piga, was haben sie mit einander gemein? und jedes ist für sein Element organisirt, jedes
lebt und webt in seinem Elemente. Kein Punkt der
Schöpfung ist ohne Genuss, ohne Organ, ohne Be-
wohner: jedes Geschöpf also hat seine eigene, eine neue
Welt!

Mit besonderer Aufmerksamkeit wendet er sich im Folgenden zu den Pflanzen und entdeckt die Uebergänge aus
einem Reich der Schöpfung in das andere. So giebt er Aufklärung über den Uebergang vom vegetabilischen zum
animalischen Leben, wie folgt.

„Der Uebergang von der Pflanze zu den vielen bisher
entdeckten Pflanzenthieren stellet dies noch deutlicher dar.
Die Nahrungstheile sind bei ihnen schon gesondert: sie
haben ein Analogon thierischer Sinne und willkürlicher
Bewegung; ihre vornehmste organische Kraft ist indessen noch
Nahrung und Fortpflanzung. Der Polyp ist kein Magazin von
Keimen, die in ihm, etwa für das grausame Messer des Philosophen präformirt lägen; sondern wie die Pflanze selbst organisches Leben war, ist auch er organisches Leben.“

Im Weiteren giebt er interessante, allerdings längst über-
holte Aufschlüsse über die Schalenthiere und Insecten, kalt-
und warmblütige Thiere und gelangt endlich zum Schlusse:
Bei jedem lebendigen Geschöpf scheint der Cirkel organischer
Kräfte ganz und vollkommen; nur ist er bei jedem anders
modificirt und vertheilt. Bei diesem liegt er noch der
Vegetation nahe, und ist daher für die Fortpflanzung und
Wiedereröffnung seiner selbst so mächtig; bei andern nehmen
diese Kräfte ab, je mehr sie in künstlichere Glieder, feinere
Werkzeuge und Sinne vertheilt werden.

Bezüglich des physiologischen Baues der Thiere schliesst er sich in vielen Dingen den Ausführungen Büffon's, Daubeaton's, Camper's und Zimmermann's an, ohne jedoch die Selbstständigkeit seiner Argumentation aufzugeben. Durch zahlreiche Beispiele gelangt er zu folgendem Schlusse:

„Es erhellt, wohin der Begriff einer Thierseele und eines Thierinstinkts zu setzen sei, wenn wir der Physiologie und Erfahrung folgen. Jene nämlich ist die Summe und das Resultat aller in einer Organisation wirkenden lebendigen Kräfte. Dieser ist die Richtung, die die Natur jenen sämmtlichen Kräften dadurch gab: dass sie sie in eine solche und keine andre Temparatur stellte, dass sie sie zu diesem und keinem andern Bau organisirte."

In der Abhandlung von den Trieben schliesst sich der sonst so vorgeschrittene Herder vielleicht allzusehr an Reimarus an, während er in der Lehre von der Fortbildung der Geschöpfe zu einer Verbindung mehrerer Begriffe und zu einem freien Gebrauch der Sinne und Glieder wieder seine eigenen Wege geht.

So zeigt er, wie im Pflanzenthier (Zoophyton) die Natur anfängt, einzelne Werkzeuge, mithin auch ihre innewohnenden Kräfte, unvermerkt zu sondern, wie sie beim Insect in drei zusammengehörige Modelle gebrochen auseinander legte, was sie in einem Modell nicht ausführen konnte. In Uebereinstimmung mit den Ergebnissen der neuern und neuesten Forscher lehrt er ferner Folgendes:

„Je höher sie schritt, je mehr sie den Gebrauch mehrerer Sinne, mithin die Willkür zunehmen lassen wollte, desto mehr that sie unnöthige Glieder weg und simplicirte den Bau von innen und aussen."

Herder war nicht nur davon überzeugt, dass jedes Geschöpf seine Existenzberechtigung und seinen Existenzgrund habe, er wusste auch. dass kein Glied der Schöpfung unmittelbar Mittel zum Zweck für ein anderes, sondern einzig Mittel zum grossen Zweck der Natur selbst sei. Eben so wenig war ihm die analoge Geartung des thierischen und menschlichen Organismus verborgen, und er ging hierin in seinen Zugeständnissen vielleicht weiter, als mancher Aufgeklärte in unseren Tagen.

Keine Tugend, kein Trieb — heisst es an einer Stelle der „Ideen" — ist im menschlichen Herzen, von dem sich nicht hier und da ein Analogon in der Thierwelt fände, und zu dem also die bildende Mutter das Thier organisch gewöhnt. Es muss für sich sorgen, es muss die Seinigen lieben lernen, Noth und Jahreszeit zwingen es zur Gesellschaft, wenn auch nur zur geselligen Reise. Dieses Geschöpf zwingt der Trieb zur Liebe, bei jenem macht das Bedürfniss gar Ehe, eine Art Republik, eine gesellige Ordnung. Wie dunkel dies Alles geschehe, wie kurz manches daure: so ist doch der Eindruck davon in der Natur des Thieres da, und wir sehen, er ist mächtig da, er kommt wieder, ja er ist in diesem Geschöpfe unwidertreiblich, unauslöschlich. Je dunkler, desto inniger wirkt Alles, je weniger Gedanken sie verbinden, je seltener sie Triebe üben, desto stärker sind die Triebe, desto vollendeter wirken sie. Ueberall also liegen Vorbilder der menschlichen Handlungsweisen, in denen das Thier geübt wird; und sie, da wir ihr Nervengebäude, ihren uns ähnlichen Bau, ihre uns ähnlichen Bedürfnisse und Lebensarten von uns sehen, dennoch als Maschinen betrachten zu wollen, ist eine Sünde wider die Natur, wie irgend eine. („Ideen zu einer Philosophie der Gesch. d. Menschh." III. Buch, S. 147.)

Bei der Besprechung des organischen Unterschiedes der Thiere und Menschen legt er besonderes Gewicht

auf die aufrechte Gestalt des Menschen, die ihm allein
auf der Erde zukommt.

„Der aufrechte Gang des Menschen ist ihm einzig natürlich: ja er ist die Organisation zum ganzen Beruf seiner Gattung und sein unterscheidender Charakter.

Haben seine Anschauungen durch die neuere Forschung
eine wesentliche Aenderung erlitten?

Das grösste Interesse für uns hat allerdings die Untersuchung der psychologischen Unterscheidungszeichen
des Menschen; denen sich Herder am Schlusse des ersten
Theiles der „Ideen" zuwendet. Auch hier ist er ein Vorgänger der neueren Forschung.

III.

Die Verwahrung, welche Herder in seinen „Ideen" gegen
die Irrlehre der „Abstammung" des Menschen vom Affen
einlegt, lässt uns darauf schliessen, dass diese in unseren
Tagen viel besprochene Frage schon zu seiner Zeit ventilirt
und nicht erst von Carl Vogt „nicht ohne etwas Muthwillen",
wie ein neuerer Untersucher der Darwin'schen Lehre sich
ausdrückt, aufgeworfen worden sei. Es ist aber charakteristisch,
dass Herder auch in dieser Frage den Standpunkt einnimmt,
den Häckel später mit aller Entschiedenheit behauptet hat,
wenn er an einer Stelle sagt: „Ausdrücklich will ich her-
vorheben, was eigentlich selbstverständlich ist, dass kein ein-
ziger von allen jetzt lebenden Affen, und also auch keiner
von den Menschenaffen (Orang, Schimpanse, Gorilla) der
Stammvater des Menschengeschlechtes sein kann. Von
denkenden Anhängern der Descendenztheorie ist diese Meinung auch niemals behauptet, wohl aber von ihren gedanken-
losen Gegnern ihr untergeschoben worden." — Wenn Darwin selbst hervorhebt, dass der Unterschied zwischen der
niedrigststehenden Menschenart und dem höchst entwickel-
ten Thiere bezüglich der intellectuellen Entwicklung un-
ermesslich ist, so werden wir auch hierin an Herder erinnert, der sich mit Benützung derselben Argumente für diese
Ansicht erklärte.

Andererseits war er aber aufgeklärt genug, um die Gleichförmigkeit der physiologischen Geartung nicht nur einzu-

sehen, sondern auch Büffon und seinen Anhängern gegenüber
zu verfechten. So sagt er in dem Capitel, das von der ver-
nunftfähigen Organisation des Menschen handelt, über die
Affen:

„Der Affe hat keinen determinirten Instinkt mehr: seine
Denkungsart steht dicht am Rande der Vernunft, am
armen Rande der Nachahmung. Er ahmt Alles nach, und
muss also zu tausend Combinationen sinnlicher Ideen in
seinem Gehirn geschickt sein, deren kein Thier fähig ist,
denn weder der weise Elephant noch der gelehrige Hund thut,
was er zu thun vermag: er will sich vervollkommnen.“

Alle Beispiele, die eigene und fremde Erfahrung ihm
bieten, ruft er zu Hilfe, um den Beweis für seine Behauptung
zu führen, und es ist interessant, die Aufzeichnungen zu lesen,
die er Bontius, Battel und de la Brosse entnommen hat.
Wenn ihm das Beweismaterial auch nicht in gleicher
Fülle wie unseren neueren Forschern zu Gebote stand, fand er
doch genug, um Büffon's Vorurtheile zu widerlegen und diejenigen, die sich dem Studium seiner Schriften weihten, auf die
Resultate Darwin's vorzubereiten, sie für Häckel's über-
raschende Schlüsse empfänglich zu machen. So spricht er
im Folgenden seine Ansicht über die intellectuellen Anlagen
des Affen unverhohlen aus:

„Die Liebe der Mutter zu den Kindern, ihre Auferziehung
und Gewöhnung zu den Kunstgriffen und Schelmereien der
Affenlebensart, die Ordnung in ihrer Republik und auf ihren
Märschen, die Strafen, die sie ihren Staatsverbrechern
anthun, selbst ihre possierliche List und Bosheit, nebst
einer Reihe anderer unläugbarer Züge sind Beweise genug,
dass sie auch in ihrem Innern so menschenähnliche
Geschöpfe sind wie ihr Aeusseres zeigt. Büffon verschwen-
det den Strom seiner Beredsamkeit umsonst, wenn er die

Gleichförmigkeit des Organismus der Natur von innen und aussen bei Gelegenheit dieser Thiere bestreitet; die Facta, die er von ihnen selbst gesammelt hat, widerlegen ihn genugsam, und der gleichförmige Organismus der Natur von innen und aussen, wenn man ihn recht bestimmt, bleibt in allen Bildungen der Lebendigen unverkennbar."

In den weiteren Untersuchungen scheint ihm der Schwerpunkt der Verschiedenheit der menschlichen und animalischen Bildung im aufrechten Gang des Menschen, in der Formation der Wirbelsäule zu liegen. Auch weist er nach, dass alle anderen Unterschiede, welche die anatomische und physiologische Betrachtung des Körperbaues ergiebt, bis zur Gestaltung des Gesichtes aus diesem Hauptunterschiede entspringen. Die Wissenschaft unseres Jahrhunderts hat die Bedeutung dieser Gründe für immer entschieden.

Die vagen Combinationen und Gedankenspiele der Phrenologen und jener Quartiermeister des Cervalsystems, welche jedem Sinn seine gesonderte Stätte im Gehirn zuwiesen, hatten Herder in seinen Untersuchungen nicht beirren können. So wenig erspriesslich auch unerfüllbare Wünsche für die menschliche Vernunft sind, so ist es doch erlaubt, es auszusprechen, dass Herder durch Aufstellung eines Cervalsystems in seinem Sinne vielleicht Grösseres geleistet hätte, als Carl Vogt mit dieser bedeutendsten seiner Forschungen geleistet hat, wenn ihm das reiche Material dieses Mannes zur Verfügung gestanden hätte.

Während er einerseits nachweist, dass Alles, was mit der intellectuellen und sittlichen Entwicklung irgendwie zusammenhängt, von der „Formung und Richtung dieser Theile (Halswirbel, Scheitel, Kinnbein) zum horizontalen und perpendiculären Gange" abhängt, zeigt er andererseits, dass die Bildung des Thieres desto vernunftähnlicher wird, je mehr es gleichsam „Kopf“ und je weniger es „Kinnbacke“ ist, und beruft sich auf die Untersuchungen des Affenorganismus durch Camper.

Der Besitz der Hand mit ihrer feinen Structur und das Vermögen, artikulirte Laute von sich zu geben, zeigt ihm, dass der Mensch nicht nur zu „feinern Sinnen“, sondern auch zur Kunst und Sprache organisirt ist. Er widerlegt die Behauptung, dass der Mensch wehrlos erschaffen ist und zeigt, dass er Waffen zur Vertheidigung hat, wie alle Geschöpfe, dass aber dieselben eben um seiner intellectuellen Entwicklung willen schwächer seien, als die der ihm nahestehenden Geschöpfe. Wo wäre sonst das Gleichgewicht der Kräfte in der Natur zu finden?

Es ist keine Inconsequenz, deren er sich schuldig macht, wenn er behauptet, dass der Mensch zur Freiheit und Selbstbestimmung organisirt ist. In Uebereinstimmung mit seinen früheren Forschungsresultaten, also auch übereinstimmend mit den Ergebnissen der neueren Forschung, führt er den Beweis dafür, indem er uns in vielen Hinsichten an die Resultate J. J. Rousseau's im „Emil“ erinnert.

Wenn er uns beweist, dass der Mensch zur „zartesten Gesundheit“, zugleich aber zur „stärksten Dauer“ und zur Ausbreitung über die Erde organisirt ist, so erblicken wir auch hierin nur den grossen Zweck der Natur, Selbsterhaltung durch Erhaltung der Geschlechter.

Eine Art „sinnlicher Oekonomie“ scheint ihm die Natur als Mittel zu diesem Zweck ausersehen zu haben. In diesem Sinn zeigt er, dass das Weib unter allen edleren Thieren gesucht sein will, und, indem es sich nicht selbst darbietet, unwissend die Absichten der Natur erfüllt. Bei der intellectuellen Entwicklung des Menschen wird diese instinctive Zurückhaltung zur Scham. Das Gesetz der

Selbsterhaltung scheint ihm auch in dieser natürlichen Einschränkung und Begrenzung der Ursprung aller Humanität und Religion zu sein.

Auch Freiheit und Selbstbestimmung werden bei ihm ein Regulator dieses Selbsterhaltungstriebes, aus dem Ehe, Gesellschaft, Gerechtigkeit und Wahrheit, Gesetz, Staat und Religion als eben so viele Erscheinungsformen der Humanität hervorgehen. Ungeachtet seiner an anderer Stelle mit Recht getadelten Polemik contra Kant lehnt er sich hierin ganz an den Königsberger Weltweisen an. Ich erinnere hierbei nur an die Stelle, wo dieser verlangt, dass jeder darauf achte, dass die Menschheit, die Idee der Menschheit im Individuum nicht entwürdigt werde. („Kritik der prakt. Vernunft von J. Kant.")

Wenn er an einer Stelle behauptet und als seine Ueberzeugung hinstellt, der Mensch sei „zur Hoffnung der Unsterblichkeit" gebildet, so verwahrt er sich gleichzeitig selbst gegen die Zumuthung eines metaphysischen Beweises für die Unsterblichkeit der Seele. Auch darin erkennen wir den Vorläufer und Propheten der neuen Schule, welche sich selbst durch die scheinbar untrüglichen Schlüsse eines Platon und Kant nicht zu einem unbedingten Bekenntniss zwingen lässt. Die einzige Bürgschaft scheint ihm für seine individuelle Meinung die Analogie der Natur zu bieten. Lassen wir ihn selbst sprechen:

„Wollen wir uns also in dieser wichtigen Frage nicht mit süssen Worten täuschen, so müssen wir tiefer und weiter her anfangen und auf die gesammte Analogie der Natur merken. Ins innere Reich ihrer Kräfte schauen wir nicht; es ist also so vergebens als unnoth, innere, wesentliche Aufschlüsse von ihr, über welchen Zustand es auch sei, zu begehren. Aber die Wirkungen und Formen ihrer Kräfte

4

liegen vor uns; sie also können wir vergleichen, und etwa
aus dem Gange der Natur hinieden, aus ihrer gesammten
herrschenden Aehnlichkeit Hoffnungen sammeln. („Ideen
z. e. Philosophie d. Gesch. der Menschheit", IV. Buch, S. 234.)

Im Weitern zeigt er die Reihe aufsteigender Formen
und Kräfte in der Schöpfung der Erde, eine herrschende
Aehnlichkeit der Hauptform in unzähligen Abwechslungen
von Pflanzen und Zoophyten hinauf bis zum Menschen. Seine
Berichte über die Lebensdauer der lebenden Wesen aller
Entwicklungsstufen weichen nicht wesentlich von denen der ·
Darwinistischen Forschung ab. Die hochgradige Zusammen-
setzung höherer organisirter Geschöpfe aus den niedrigen
Reichen nach den Gesetzen der Chemie weist er nach und
führt Beispiele dafür an. Dann wendet er sich gegen die
Spiritualisten und zeigt, dass keine Kraft der Natur ohne
Organ ist, dass aber das Organ niemals die Kraft selbst
ist, die dadurch wirkt. „Was wir vom ersten Augenblicke
des Werdens eines Geschöpfes bemerken, sind wirkende
organische Kräfte." („Ideen z. e. Philos. d. Gesch. d.
Menschheit", V., B. II.)

Leider geräth er bei seinen Ausfällen gegen die Mora-
listen, die, wie er sich ausdrückt, die Unsterblichkeit nieder-
geworfen haben, selbst auf Irrwege. Aber der richtige
Forschungsdrang führt ihn immer wieder auf den Weg vor-
urtheilsfreier Untersuchung zurück.

So lehrt er in vollkommener Uebereinstimmung mit sich
selbst und den späteren Ergebnissen der Wissenschaft, dass
aller Zusammenhang der Kräfte und Formen weder Rückgang noch Stillstand, sondern „Fortschreitung" ist. Wer
wüsste nicht, dass dies Gesetz der fortschreitenden Entwicklung ein Grundpfeiler der Darwin'schen Theorie ist?

Diese „Transformation in höhere Lebensformen", dieser

fortwährende Uebergang zu höheren Bildungsformen, dieses Anderswerden, während das Ganze gleich und unverändert bleibt, diese „Gewähr des ewigen Entstehens", wie sie Gutzkow nennt, was ist sie Anderes als das Fundamentalgesetz der Natur, auf dem Darwin und Häckel den stolzen Bau ihrer Wissenschaft aufgeführt haben?

Ist das Resultat dieser Untersuchungen in seinem innersten Kern von dem Schlussergebniss der Darwin'schen Theorie verschieden, welches Häckel, der eigentliche Ausbilder der neuen, in ihrem Wesen ewig alten Lehre, in den folgenden Worten ausspricht:

„Das Gesetz der Vervollkommnung constatirt auf Grund der paläontologischen Erfahrung die äusserst wichtige Thatsache, dass zu allen Zeiten des organischen Lebens auf der Erde eine beständige Zunahme in der Vollkommenheit der organischen Bildungen stattgefunden hat. Seit jener unvordenklichen Zeit, in welcher das Leben auf unserem Planeten mit der Erzeugung von Moneren begann, haben sich die Organismen aller Gruppen beständig im Ganzen wie im Einzelnen vervollkommnet und höher ausgebildet. Die stetig zunehmende Mannigfaltigkeit der Lebensformen war stets zugleich vom Fortschritt in der Organisation begleitet. Je tiefer man in die Schichten der Erde hinabsteigt, in welchen die Reste der ausgestorbenen Thiere und Pflanzen begraben liegen, je älter mithin die letzteren sind, desto einfacher, einförmiger und unvollkommener sind ihre Gestalten. Dies gilt sowohl von den Organismen im Grossen und Ganzen, als von jeder grösseren oder kleineren Gruppe derselben."

Wenn Herder unsere Humanität dichterisch „nur eine Vorübung" und die „Knospe zu einer zukünftigen Blume", an einer andern Stelle aber den jetzigen Zustand des Menschen „wahrscheinlich das verbindende Mittelglied zweier Welten" nennt, so geschah dies vielleicht weniger, wie seine psalmodischen Ausrufungen uns oft schliessen lassen könnten, um eine Lanze für die christliche Theosophie zu brechen, als in einem noch dunklen Vorgefühle der kommenden Menschen und Thaten, welche „auf einem andern Platze" jenes „schönere Gebäude" errichtet haben, von welchem er in der Vorrede zu den „Ideen" spricht. Wie sich aber dies auch verhalten mag, so steht doch fest, dass der Geist der absoluten Negation in Herder's Augen niemals Gnade finden konnte und dass er immer bereit war, der kommenden Generation die Fähigkeit zuzuerkennen, die Räthsel, die er nicht lösen konnte, zu lösen. Auch ihm galt die später von Darwin gelehrte Wahrheit als oberster Grundsatz des Forschers und Denkers: dass gerade die Unwissendsten immer bereit sind zu behaupten, dass die Menschheit niemals zu dieser oder jener Erkenntniss gelangen werde, während gerade die, welche im Wissen am weitesten kommen, in ihrem Urtheil darüber vorsichtig und bescheiden sind.

In der Lehre von den in der Natur wirkenden organischen Kräften entwickelt Herder Anschauungen, welche mit denen Häckel's im Grossen und Ganzen übereinstimmen. Seine Untersuchungen auf diesem Gebiete gipfeln in Resultaten, die mit dem Gesammtergebniss der Forschung Häckel's zusammentreffen, wenn er sagt: „Der Entwicklungsgang der Erde und ihrer organischen Bevölkerung war ganz continuirlich, nicht durch gewaltsame Revolutionen unterbrochen. Das Leben ist nur ein physikalisches Phänomen. Alle Lebenserscheinungen beruhen auf mechanischen, auf physikalischen und chemischen Ursachen, die in der Beschaffenheit der organischen Materie selbst liegen." (Nat. Schöpfungs-Geschichte v. Dr. E. Haeckel, Jena.)

Im zweiten Theile der „Ideen zu einer Philosophie der

Geschichte der Menschheit" finden wir viele werthvolle Aufzeichnungen über die Organisation der Völker in den verschiedenen Zonen, wenn auch in der Lehre von der Verschiedenheit der Rassen hie und da Ansichten auftauchen, welche durch Darwin's diesbezügliche Forschungen längst widerlegt sind. Hingegen ist die Klimatisirung des Menschengeschlechtes wieder in einem der neueren Forschung verwandten Sinne behandelt und die Abhandlung über den Zwist der Genesis und des Klima, wenn schon nicht vorurtheilslos, aber doch reich an schätzenswerthen Daten. Die natürlichen Einflüsse auf Sinnlichkeit, Einbildungskraft und praktischen Verstand des Menschengeschlechtes, unter den Bedürfnissen der Lebensweise erwachsen, haben auch die neueren Forscher im selben Sinn behandelt.

Herder weist zwar nach, dass die Empfindungen und Triebe der Menschen überall dem Zustande, in dem sie leben, und ihrer Organisation gemäss sind, aber er zeigt auf der andern Seite, dass sie von Meinungen und Gewohnheiten regiert werden. Ebenso zeigt er, dass die Glückseligkeit der Menschen immer nur ein individuelles Gut ist und somit nach seiner Ansicht klimatisch und organisch, ein Kind der Uebung, der Tradition und Gewohnheit. Wenn er hier die besondere Machtfülle des selbstbestimmungsfähigen Menschen anerkennt, weist er dort die Abhängigkeit seiner Entwicklungsfähigkeit von tausend Bedingnissen der äusseren Natur nach, um weiterhin zu zeigen, dass nicht allein auf physiologischem Gebiete, wie Darwin so oft betont, sondern auch auf intellectuellem Vererbung in Form von Traditionen stattfindet. In seinen späteren Untersuchungen kommt er zur Bevölkerung der Erde, zu den ersten Marksteinen der Cultur und Weltgeschichte. Es ist nicht zu leugnen, dass er hierbei oft den sicheren Grund historischer und physikalischer Forschung verlässt, um auf den schlüpfrigen Boden der Conjecturen hinüber zu treten und aus dem comparativen Studium der asiatisch-heidnischen und ägyptisch-mosaischen Tradition seine nicht immer hiebfesten Schlüsse zu ziehen. Mit diesen Untersuchungen beschliesst er seine Arbeit als Vorkämpfer und Pionier der Darwin'schen Lehre und der durch sie zur Herrschaft gelangten neuen Weltanschauung. Er verlässt die naturgeschichtliche Forschung und geht zur weltgeschichtlichen über.

Wenn wir von der Grundlehre vom Kampf ums Dasein Umgang nehmen und nur den Resultaten der Herderschen Forschung Anerkennung zollen wollten, welche aus dem Studium jener interessanten Einzelheiten hervorgingen, denen sich später Wallace und Fritz Müller zugewandt haben, so dürften wir ihn schon vermöge seiner Lehre von Thierverstand und Thiermoral für einen Vorgänger Darwin's erklären. Im Gegensatze zu der von Immanuel Kant gelehrten, vom Begriff der Menschheit unzertrennlichen Moral, entwickelte er stellenweise Ansichten, welche der Behauptung Darwin's, das Gefühl der Moral sei Ausfluss der socialen Triebe, einer Erkenntniss des gegenseitigen Nutzens der Gemeinsamkeit, mithin der Intelligenz, nahezu identisch waren. Auch die eitle Selbstüberhebung des als Glied des Ganzen der Naturnothwendigkeit unterworfenen Menschen, hatte er, gleichwie der französische Statistiker Quetelet in seinem Werke „Anthropométrie où mesure des différentes facultés de l'homme", zu nichte gemacht.

Ungeachtet der bedeutenden Resultate seines Denkens und Forschens bildete er sich niemals ein, den Urgrund aller Dinge nach Art der althellenischen Philosophen gefunden zu

haben. Er war der erste, in dem die neue Lehre, die er
vor denen, die sie vollendet und der Welt verkündet,
kannte, reagirte. Die Folge dieser Reaction ist aber,
unbeschadet der Menschenwürde und Freiheit, das demüthige Bewusstsein des „Theilseins im All" und der
natürlichen Gleichberechtigung aller Geschöpfe in
den für sie von der Natur gesetzten Schranken und Bedingnissen.

Ich glaube hinlänglich dargethan zu haben, dass und
inwiefern Herder als Vorgänger der Darwin'schen
Theorie betrachtet werden kann. Selbst für denjenigen,
den kein andres als das literarhistorische Interesse fesselt,
wird es stets überraschend und erfreulich sein, bei einem der
grössten Meister unserer klassischen Literatur Lehren zu
begegnen, welche eine neue Weltanschauung geschaffen
und die sociale und intellectuelle Entwicklung Europa's,
ja vielleicht der Menschheit" ganz und gar verändert haben.
Gewiss aber wird es für Alle, welche sich mit dem Studium
der Naturwissenschaften und der neuen Lehre ernstlich beschäftigt haben, insbesondere aber für alle fach-
männische Gebildeten vom höchsten Interesse sein, den
Entwicklungsgang der neuen Theorie und ihre ersten
Ergebnisse in den „Ideen zu einer Philosophie der Geschichte
der Menschheit" zu studiren.

Möge es mir gestattet sein, auch diesen „Beitrag zu
vielen Beiträgen des Jahrhunderts" in der Hoffnung zu
veröffentlichen, dass Einer oder der Andere Fleiss und Mühe
auf dies Studium verwenden und die Aufgabe, die ich
hier nur oberflächlich und in grossen Umrissen lösen
konnte, in einem besonderen Werke lösen und die
Geschichte unserer Wissenschaft damit durch einen

werthvollen Beitrag bereichern wird. Mir genügt das
Bewusstsein, auf ein ernstes Interesse der Wissenschaft hingewiesen und alle Gebildeten, die sich für sie
interessiren, auf Herder's Verhältniss zur Darwin-
schen Lehre, aufmerksam gemacht zu haben.

Nachträgliche Bemerkungen. *

1.

Den Vielen, welche Herder zu kennen vorgeben, ihm aber den Namen eines Philosophen nicht zugestehen möchten, wäre das Studium der „Metakritik" und „Kalligone" auf das Dringendste zu empfehlen. Leider ist die Kenntniss der Kant'schen Philosophie eine Conditio sine qua non für das Verständniss dieser Schriften. Wer also Kant nur vom Hörensagen kennt, wird nicht so leicht mit dem nöthigen Verständniss an die philosophischen Schriften Herder's herantreten können.

Nachdem nun die Kenntniss Kant's — von einem tieferen Verständniss nicht zu reden — in unseren Tagen ein pures Wunder ist, werden die meisten, wenn sie sich nicht dem doppelten Studium Kant's und Herder's unterziehen wollen, sich ausschliesslich an die „Ideen zu einer Philosophie der Geschichte der Menschheit" zu halten haben. Sollte dies nicht genügen?

Wenn ich an anderer Stelle betonte, dass dieses Werk keine geringere Grossthat für die fortschreitende Entwicklung der Wissenschaft war, als der „Contrat social" von J. J. Rousseau

---

*) Um nicht in die einheitliche Behandlung des Hauptthema's störend einzugreifen und die Aufmerksamkeit des Lesers dadurch abzulenken, hat der Verfasser für gut gefunden, die interessantesten in das Thema einschlägigen Bemerkungen und Citate in einem Anhang zusammenzustellen.

für die politische Gestaltung Europa's, sollte es nicht allein
schon Herder Anspruch auf den Namen des Philosophen
verleihen, den jenem Andern Alle gewähren? Oder sollte er
ihm versagt werden, weil er kein neues System schuf, weil
er nicht anders als regulativ und bahnbrechend wirkte? Ist es
bei J. J. Rousseau anders — und bedarf es überhaupt
immer der Architektonik eines Systems, um werthvolle
Entdeckungen und Ideen für die Menschheit nutzbar zu machen?
Man erinnere sich, was Rousseau über die Systemwuth sagt.
Wer nur die Bedeutung der Naturphilosophie, wie sie in
unserm Jahrhundert am meisten von Ernst Haeckel ausgebildet wurde, zu erfassen vermag, wird die philosophischen
Verdienste Herder's höher schätzen als die meisten Systeme,
welche nur zu oft jener Vorliebe für Architektonik entspringen,
die Schopenhauer selbst an Kant nicht genug tadeln konnte.

Die Oberflächlichkeit und Frivolität, mit welcher der
sonst so citaten-süchtige Schopenhauer über die Verdienste
Herder's zur Tagesordnung übergeht, gehört mit zu den
Gründen, welche ihm von bedeutenden und nichtssagenden
philosophirenden Gelehrten den Vorwurf der Leichtfertigkeit
eintrugen. Fast könnte man versucht werden, zu behaupten,
er habe Herder so unglimpflich behandelt, weil er schon
lange vor ihm eine eingehende Kritik der „Kantischen Kritik" gegeben hatte, aus der Schopenhauer vielleicht selbst un-
willkürlich geschöpft hat.

Wie dem auch sei; wenn Herder sich durch nichts her-
vorgethan hätte als dadurch, dass er der modernen Naturphilosophie Bahn brach, er gehörte schon deshalb zu den bedeutendsten Philosophen aller Zeiten.

II.

Dass Herder die bahnbrechende und vorbereitende
Wirksamkeit für die mit ihm recht eigentlich beginnende
Geisterreformation selbst für den Beruf seines Lebens hielt,
ist in der Vorrede zur zweiten Ausgabe der „Ideen zu einer
Philosophie der Geschichte der Menschheit" deutlich ausge-
sprochen.

„Der Verfasser dachte sich in den Kreis derer, die wirk-
lich ein Interesse daran finden, worüber er schrieb, und bei
denen er also ihre theilnehmenden, ihre besseren Gedanken
hervorlocken wollte. Dies ist der schönste Werth der Schrift-
stellerei, und ein gutgesinnter Mensch wird sich viel mehr über
das freuen, was er erweckte, als was er sagte."

„Glücklich — heisst es am Schlusse der Vorrede — wenn
alsdann diese Blätter im Strome der Vergangenheit unter-
gegangen sind und dafür hellere Gedanken in den Seelen der
Menschen leben."

Wahrhaftig — sein Wunsch hat sich nur allzufrüh erfüllt,
und es ist Zeit, den Schleier von den Verdiensten dessen zu
ziehen, der genannt zu werden verdient, wenn man — wie es
im Liede heisst — die besten Namen nennt!

III.

Der Umstand, dass Herder die Hypothese der Abstammung des Menschen vom Affen bestreitet, lässt uns schliessen, dass eine solche Hypothese von manchen Männern der Wissenschaft schon zu jener Zeit muss besprochen worden sein. Demgemäss ist es irrthümlich, zu behaupten, dass Carl Vogt zuerst diese Behauptung aufgestellt habe, wenn schon nicht geläugnet werden kann, dass er sich um einen Wahrscheinlichkeitsbeweis dafür vielfach und weit ernster als Büchner und Consorten bemüht hat.

IV.

„Aller Zusammenhang der Kräfte und Formen — sagt Herder an einer Stelle — ist weder Stillstand noch Rückgang, sondern Fortschreitung." „Nehmet die äussere Hülle weg — heisst es an anderer Stelle — und es ist kein Tod in der Schöpfung; jede Zerstörung ist ein Uebergang zu höherem Leben." „Die Natur dankt die Maschine ab, die sie zu ihrem Zwecke der gesunden Assimilation, der muntern Verarbeitung nicht mehr tüchtig findet."

Stellen wir diesen Aussprüchen Herder's folgende Aeusserungen des grossen britischen Forschers entgegen:

„Nach der Vergangenheit zu urtheilen, dürfen wir getrost

annehmen, dass nicht eine der jetzt lebenden Arten ihr unverändertes Abbild auf eine fernere Zukunft übertragen wird."

„Aus dem Kampfe der Natur, aus Hunger und Tod geht unmittelbar die Lösung des höchsten Problemes hervor, das wir zu fassen im Stande sind, — die Erzeugung immer höherer und vollkommenerer Arten. Es ist wahrlich ein erhebender Gedanke, dass . . . während unser Planet, den strengen Gesetzen der Schwerkraft folgend, sich im Kreise schwingt, aus so einfachem Anfang sich eine endlose Reihe immer schönerer und vollkommenerer Wesen entwickelt hat und noch fort entwickelt."

„Die Betrachtung solcher Erscheinungen bringt auf mich den gleichen Eindruck hervor, wie das vergebliche Ringen des Geistes, um den Gedanken der Ewigkeit zu fassen" *).

Ich empfehle diese Schlagstellen Denjenigen, welche den Darwinismus als Tod jeder idealen Weltanschauung betrachten, zur gefälligen Beachtung.

---

*) Ch. Darwin. (Siehe „Anhang".)

V.

Die Idee des Theilseins im All, durch welche dem
Menschen sein usurpirtes Weltmachtmonopol entrissen wird,
und die Herder unverhohlen aussprach, ist nicht nur einer
der Grundgedanken des Darwinismus, sondern findet sich
auch von bedeutenden Forschern auf anderen Gebieten bestätigt.

So sagt der Statistiker Quetelet, der in mancher Beziehung zu den Pionieren der neuen Lehre zu zählen ist, an
einer Stelle seiner „Anthropométrie où mesure des différentes
facultés de l'homme":

„Lange Zeit nährte der Mensch unrichtige Ideen über seine
Wichtigkeit. Alles schien von seiner Laune abzuhängen; er
hielt sich für den alleinigen Herrn der Welt, welche ihrerseits
wieder alle sie umgebenden Welten beherrschen sollte." „Der
Mensch steht nicht isolirt, er bildet ein blosses Bruchtheil im
Ganzen."

Vergleichen wir dies mit dem Ausspruch Herder's: „Nun
ist unläugbar, dass bei aller Verschiedenheit der lebendigen
Erdenwesen überall eine gewisse Einförmigkeit des Baues,
und gleichsam eine Hauptform zu herrschen scheine, die in
der reichsten Verschiedenheit wechselt!" — und stellen wir
demselben die Behauptungen Darwin's entgegen:

„Alle lebenden Wesen haben vieles mit einander gemein,
in ihrer chemischen Zusammensetzung, ihrer zelligen Structur,

ihren Wachsthumsgesetzen, ihrer Empfindlichkeit gegen schäd-
liche Einflüsse."

„Es ist notorisch, dass der Mensch nach dem Typus aller
Säugethiere gebildet ist."

Die Conclusion ergiebt sich für jeden von selbst.

— ·· —

VI.

Zu dem Schluss des Alfred Russel Wallace, „dass in
der Natur eine Tendenz zu dem andauernden Fortschreiten
bestimmter Classen von Varietäten weiter und weiter von
ihrem ursprünglichen Typus weg existirt" — ist schon so
lange vor ihm J. G. Herder gelangt. Wir finden dasselbe
mit fast wörtlicher Uebereinstimmung in seinem vielgenannten
Hauptwerk.

64

VII.

Die hervorragende Stellung, die Herder dem Menschen
als höchste Blüthe und Krone der natürlichen Schöpfung —
in seinem Sinne — in derselben einräumt, steht mit der
Darwin'schen Lehre nicht in Widerspruch, wird vielmehr
von Darwin selbst oft bestätigt.

„Es lässt sich nicht zweifeln, dass die Verschiedenheit
zwischen der Seele des niedrigsten Menschen und der des
höchsten Thieres ungeheuer ist." — „So gross nun auch nichts-
destoweniger die Verschiedenheit an Geist zwischen den Menschen und den höheren Thieren sein mag, sie ist sicher nur
eine Verschiedenheit des Grades, nicht der Art." (Die Abstammung des Menschen und die geschlechtliche Zuchtwahl
von Ch. Darwin, I. Bd., S. 90.)

Hören wir Herder darüber:

„Keine Tugend, kein Trieb ist im menschlichen Herzen,
von dem sich nicht hier und da ein Analogon in der Thierwelt fände." „Sie haben menschenähnliche Gedanken, sie
üben sich, von der bildenden Natur gezwungen, in menschen-
ähnlichen Trieben." (Ideen z. e. Philosophie d. Gesch. d. Menschheit. III. Bd., C. V.)

VIII.

Bei genauer Prüfung ergiebt sich als Gesammtergebniss
der „Ideen" Herder's genau dasselbe, was Häckel, indem
er es als innersten Kern der Darwin'schen Theorie bezeichnet, folgendermassen ausdrückt:

„Das Gesetz der Vervollkommnung constatirt auf Grund
der paläontologischen Erfahrung die äusserst wichtige Thatsache, dass zu allen Zeiten des organischen Lebens auf der
Erde eine beständige Zunahme in der Vollkommenheit der
organischen Bildungen stattgefunden hat. Seit jener unvordenklichen Zeit, in welcher das Leben auf unserm Planeten mit
der Erzeugung von Moneren begann, haben sich die Organismen
aller Gruppen beständig im Ganzen wie im Einzelnen ausgebildet und vervollkommnet. Die stetig zunehmende Mannigfaltigkeit der Lebensformen war stets zugleich vom Fortschritt
in der Organisation begleitet." —

IX.

Charakteristisch für die Beurtheilung Herder's in seinem Verhältniss zur modernen Forschung sind die Aufschlüsse, die er seinen Zeitgenossen in einer überaus interessanten, aber wenig gelesenen Abhandlung über die Bedeutung der vorhandenen geogonischen Hypothesen zu geben wusste. Es ist dies die im Jahre 1786 verfasste Schrift: „Revolutionen der ersten Welt, nach den ältesten Traditionen". (J. G. v. Herder's sämmtliche Werke. 1829. Cotta, Stuttgart und Tübingen XV. Th. II. S. 187.)

Da es mir nicht möglich ist, an dieser Stelle mehr als eine gedrängte Zusammenstellung der wichtigsten Daten zu geben, muss ich mich damit begnügen, diejenigen Leser, welche sich eingehender mit der angeregten Frage befassen wollen, auf die Bedeutung der genannten Schrift aufmerksam zu machen.

X.

Nicht ohne zeitgemässes Interesse dürften einige Aussprüche Herder's sein, die in seiner längstvergessenen, schon im Jahre 1777 verfassten Abhandlung „Ueber die dem Menschen angeborene Lüge" enthalten sind:

„Die Contrarietät des Menschen scheint mir also in dem ganzen Weltbau verbreitet. Ueberall zwei Kräfte, die, sich einander entgegengesetzt, doch zusammenwirken müssen. und wo dann aus der Combination und gemässigten Wirkung beider das höhere Resultat der Ordnung, Bildung, Organisation, Leben wird. Alles Leben entspringt auf solche Weise aus Tod, aus dem Tode niedrigerer Leben, alle Organisation aus Zerstörung und Verwandlung geringerer Kräfte."

„Es ist ein ewiges Geben und Nehmen, Anziehen und Zurückstossen, Insichverschlingen und Aufopfern seiner selbst: und der Plan, der beides regiert, ist immer ein höheres Gesetz, positive Ordnung höherer Gattung, die aus diesen Kräften, einzeln oder auch verbunden, ohne höheren Mittelbegriff, weder gefunden noch erkannt und begriffen werden kann. Zum Menschen!"

„Alle einseitige Hypothese ist aber Lüge. Der Mensch hat kein ihm eigenes, isolirtes Naturrecht, das ihm concubitum vagum mit allen Geschöpfen, der Schlange z. B., zur Gottähnlichkeit erlaubte."

5*

„— — — Alle Philosophie aber, die von sich anfängt und mit sich aufhört, ist von ihrer Muhme der Schlange"*).

Wie stimmen diese Aeusserungen mit den anderen Stellen der erwähnten Schriften überein, welche von erbaulichem Predigerworte übersprudeln? Sollte Herder kein Recht gehabt haben, die ihm zu Theil gewordene Erkenntniss in einer wenig gefährlich scheinenden Form zu geben, wenn Darwin selbst in seinen ersten Werken nur mit Vorsicht an die eingewurzeltesten Traditionen rührt?

Oder sollte der Deïst Herder die unerschütterliche Ueberzeugung gehabt haben, dass es für die philosophirende Vernunft kein anderes Mittel gebe, als — an das Ende der unendlichen Progression der Dinge einen Gott zu denken?

---

*) Schritt für Schritt begegnen wir diesem Gedanken in der „Metakritik" in vielfältigen Variationen. Indem diese Schrift die Ausschreitungen des hohlen, nach-Kantischen Kriticismus derb zurückweist, ist sie zugleich ein prophetisches Buch künftiger Naturphilosophie.

XI.

Wie auch die zuletzt aufgeworfene Frage entschieden
werden möge, stehe ich selbst nicht an, es Herder und jedem
ernsten Denker und Forscher aller Zeiten zur Ehre anzu-
rechnen, wenn er es verschmäht, Ergebnisse der Wissenschaft
als Mittel zur Bekämpfung des Glaubens an Gott, Freiheit
und Unsterblichkeit zu verwenden. Das hiesse eben nur das
uralte Rechenexempel der Hierarchie aller Zeiten in das
nihilistische Idiom übersetzen. Was mit einem solchen Miss-
brauch der Forschung gethan ist, wissen gerade die hervor-
ragenden Männer der Wissenschaft, aus deren Küche sich diese
Commis-voyageurs eines naturwissenschaftlichen Nihilismus
die Abfälle für Ihre Vorträge holen, am besten zu beurtheilen.

Wenn ich schon die Invectiven der Herder'schen Metakritik, insoweit sie das Wesentliche in der Persönlichkeit und
Philosophie Kant's betreffen, auf das Entschiedenste bekämpfen
mag, werde ich doch nie zugeben, dass man Herder als Propa-
gandamacher für theosophische Zwecke betrachte, wie jene
von mir getadelten Helden der Aufklärung nichts als Propa-
gandamacher des Nihilismus und ihrer Taschen sind.

XII.

Wenn ich mich auf Herder berufe, verweise ich immer
auf die ältere J. B. Cotta'sche Ausgabe, welche sich die
Scheere und die Glossen der Herren Commentatoren noch
nicht hat gefallen lassen müssen.

Anhang.

Die bedeutendsten einschlägigen Werke, auf welche sich der Verfasser vorliegender Aufzeichnungen berufen musste, und in welchen das Nähere nachgelesen werden kann, sind:

1. Johann Gottfried von Herder's „Ideen zur Geschichte der Menschheit" I. Theil. Herausgeg. von J. v. Müller. Tübingen. J. B. Cotta*).

2. „On the Origin of Species by means of Natural Selection or the preservation of favoured races in the struggle for life, by Charles Darwin. London 1859". (5 edit. 1869).

3. „The Descent of Man, and selection in relation to sex, by Ch. Darwin. 1871. London" (2 vol).

4. „Natürliche Schöpfungs-Geschichte." Gemeinverständliche wissenschaftliche Vorträge über die Entwicklungslehre im Allgemeinen, und diejenige von Darwin, Göthe und Lamarck im Besondern, über die Anwendung derselben auf den Ursprung des Menschen und andere, damit zusammen-hängende Grundfragen der Naturwissenschaft von Dr. Ernst Häckel in Jena. 2. Aufl. Berlin 1870.

5. „Beiträge zur Theorie der natürlichen Zuchtwahl" von Alfred Russel Wallace. — Deutsche Uebers. Erlangen. Besold. 1870.

---

*) Bekannter unter dem vom Verfasser festgehaltenen Titel der andern Auflagen: „Ideen zu einer Philosophie der Geschichte der Menschheit."

6. „Anthropométrie où mesure des différentes facultés de l'homme" par Quetelet.

7. „Ziele und Wege der heutigen Entwicklungsgeschichte" von Ernst Häckel in Jena. 1875.

8. „Allgemeine Naturgeschichte und Theorie des Himmels" von Immanuel Kant.

9. „Kritik der praktischen Vernunft" von Immanuel Kant.

NB. Die „Metakritik" und „Kalligone" sind in jeder Gesammtausgabe der Werke J. G. v. Herder's enthalten. Eine nähere Hinweisung wäre bei der Verschiedenheit der Auflagen nicht erspriesslich.

Das Gleiche gilt von den einschlägigen und an anderer Stelle genannten Werken von Göthe, Geoffroy de Saint Hilaire, Lamarck, Laplace, Oken und Carl Vogt.

Inhalt.

www.ingramcontent.com/pod-product-compliance
Lightning Source LLC
Chambersburg PA
CBHW022001190326
41519CB00010B/1353